HTML5
CSS3
Bootstrap5
JQuery

網頁前端學習手冊

序 | *preface*

　　網頁設計是當前資訊管理學系重要的必修課程之一，也是求職工作中其中一項資訊技能。作者曾開發資訊專案多年、建置過許多網站系統；在大學任教期間，希冀將自身所學的內容，用最實務、最易懂的方式傳授給學子。考量到坊間已有多本網頁設計類相關的工具書，作者在書籍中加入更多不同的實務元素，讓學子們可以接觸到另一層面的實務應用。

　　與求職職缺內容相呼應，作者將網頁設計分成為前端、後端兩本學習手冊。網頁前端學習手冊內容涵蓋 HTML、CSS、Bootstrap、JQuery，而在各章節中亦加入許多實務概念，包含如何分別使用 HTML 標籤或 CSS 做出網頁版型、如何使用 Bootstrap template 快速地建置網頁架構並修改、如何尋找並運用 JQuery 套件在目前網站中，讓網頁內容更豐富。

　　最後，書籍也納入 ChatGPT 人工自然語言的新穎趨勢，教導如何運用 ChatGPT 於網頁前端設計，讓網站開發更加得心應手、提升撰寫效率。

　　未來將繼續規劃網頁後端的學習手冊，內容主要是以 PHP 為例，教導後端程式如何結合 MySQL 資料庫。書籍中亦將加入實務概念，教導學子們如何提升跨資料表格的查詢技巧、模組化程式、權限控制、網頁防駭、網頁前後端的整合技巧。這些章節內容是市面書籍鮮少談及的部分，作者將以自身的開發經驗，搭配 PHP 語言做出實務範例。

　　作者雖教導網頁相關課程多年，但一直無暇將教學素材付諸竹帛。感謝課堂上學生們的鼓勵與催促，讓我有動力完成此書；更要感謝編輯助理 林鈺惠的幫忙，協助完成圖片及程式範例的編排工作。也感謝各位讀者的愛戴，期待您的批評與指教。

廖建翔

於 2023.03

目錄 | *contents*

6-4 物件標籤 6-5
6-5 腳本標籤 6-7
6-6 插入 CSS 樣式表 6-7
6-7 內嵌框架標籤（重要）....6-8

chapter 7 表單

7-1 表單標籤 7-1
7-2 表單的輸入標籤 7-2
7-3 欄位框線標籤 7-22
7-4 表單提交範例 7-24

chapter 8 CSS 語法

8-1 CSS 簡介與沿革 8-1
8-2 CSS 樣式規則與選擇器 8-2
8-3 CSS 四種寫法 8-3
8-4 CSS 選擇器宣告方式 8-6

chapter 9 字型、文字與清單屬性

9-1 字型屬性 9-1
9-2 文字屬性 9-8
9-3 項目清單屬性 9-15

本書範例檔請至以下碁峰網站下載：

http://books.gotop.com.tw/download/AEL026600

其內容僅供合法持有本書的讀者使用，未經授權不得抄襲、轉載或任意散佈。

1 | 網頁設計簡介

- 網頁簡介
- 網頁設計相關的程式語言
- HTML 的演進
- HTML5 的改變
- HTML 5 文件的撰寫方式
- 撰寫第一份 HTML 文件

1-1 網頁簡介

自網路技術蓬勃發展，網頁開發的語言及軟體也日益變化。一般而言，會將網頁設計分成前端（front-end）與後端（back-end）兩個部分。前端的部分，主要是牽涉使用者所接觸到的網頁介面（user interface：UI），後端則是涉及前端資料擷取、運算、資料庫連結等技術。作者在書籍撰寫也將以前端、後端分別闡述。

本書則聚焦於網頁前端學習，著墨 HTML、CSS、Bootstrap、JavaScript、JQuery 技術，說明其語言細節及如何引用；後端語言由於為數眾多，另一本書籍將以 PHP 作為範例，逐步說明語法，其著墨的技術有 SQL 語法、MySQL 資料庫、資料庫連結，亦包括模組化設計、框架、權限管理、資料防駭等較新穎題材的教材內容。

最後，網站開發需要前端與後端之間的整合，本書會以 JavaScript、JQuery 說明如何串聯前後端之間的資料互通，並整合上述所提及之技術內容。

1-2 網頁設計相關的程式語言

網頁設計相關的程式語言為數眾多,比較常見語言的如下:

前端語言

- HTML（HyperText Markup Language）：建立網頁的標準標記語言。

- CSS（Cascading Style Sheets）：階層式樣式表,可將網頁各標籤進行格式上設置。

- XML、XSL（eXtensible Markup Language、eXtensible Style Language）：可延伸標記式語言,可自訂標籤、文件與資料格式。

- XHTML（eXtensible HTML）：同上。

- DHTML（Dynamic HTML）：HTML 加上 JavaScript,可讓靜態網頁增加其互動性（配合 JavaScript 語法）。

- Java Applets：可在網頁環境下所執行的 Java 程式模組。

- 瀏覽器端 Scripts：可在用戶瀏覽器下執行的腳本程式,多半為直譯程式。

- 伺服器端 Scripts：伺服器端所執行的直譯程式,再將結果傳給用戶端。

- **React**：用於建構前端的 JavaScript 函式庫（library）,亦可用於框架。

- **Angular**：由 Google 維護的開源 JavaScript 函式庫。

- **TypeScript**：由微軟進行開發和維護的 JavaScript 函式庫。

後端語言

- CGI（Common Gateway Interface）：接收 HTML 資料,再傳至後端的早期應用程式。

- JSP（Java Server Pages）：後端程式語言。

- ASP（Active Server Pages）/ASP.NET：後端程式語言。

- PHP（Hypertext Preprocessor）：後端程式語言。

- **Node.js**：後端程式語言。JavaScript 常用於用戶端的瀏覽器上執行，Node.js 讓 JavaScript 也能用於伺服器端編程。

- **Vue.js**：以 JavaScript 為主的網頁框架（framework）。框架的概念，會於後端內容再做延伸說明。

1-3 HTML 的演進

HTML 是由 1994 年 W3C 協會所制訂及推廣，目標是制訂出共同的標準格式，讓使用者在不同瀏覽器下都可以顯示出一樣的網頁內容。W3C 協會分別在 1995 年（第二版）、1997 年（第三版與第四版）進行改版，最近一次的改版，則是在 2014 年完成改版的提案及推薦，完成 HTML 5 的標準。

1-4 HTML 5 的改變

HTML 語法會在瀏覽器中顯示成用戶端可以看到的文字，像是 <html> 與 <title> 所組成的記號，稱為標籤（tag）。而每個標籤有其代表的意義，經過編寫成為網頁文件，用戶可使用瀏覽器打開文件。以下為 HTML 5 版本的改變：

- 簡化文件類型定義

```
<!DOCTYPE html>
```

  ✦ HTML 5 第一行的宣告，說明其格式為 html。

- 簡化字元集指定方式

```
<meta charset="UTF-8">
```

  ✦ `UTF-8`：萬用字元（建議使用）。

  ✦ `ANSI`：Windows-1252 的編碼系統。

  ✦ `Big5`：繁體中文。

- 新增標籤

  HTML 5 增加了一些新的標籤，包含：

  <article>、<aside>、<audio>、<canvas>、<command>、
  <datalist>、<details>、<embed>、< gure>、< gcaption>、
  <footer>、<header>、<hgroup>、<keygen>、<mark>、<meter>、
  <menu>、<nav>、<output>、<progress>、<section>、<source>、
  <summary>、<time>、<ruby>、<video> 等。

  ✦ 雖然 HTML 有新增加這些標籤，但並非所有瀏覽器都支援。因此網頁開
    發者在使用這些標籤時，必須進一步瞭解這些限制。

  ✦ 這些新增標籤，會在後續章節中使用及討論。

- 修改標籤

  HTML 5 修改了一些既有的標籤，包含：

  <em>、<i>、<strong>、<b>、<address>、<ol> 等。

- W3C 建議捨棄的標籤

  部分標籤在 HTML 5 中，建議開發者捨棄使用，因為這些標籤的功能可以被
  新標籤或其它標籤所取代。例如，HTML4 的 <dir> 標籤，在 HTML 5 則建議
  以 <ul> 來替代。建議捨棄的標籤有：

  <acronym>、<applet>、<basefont>、<bgsound>、<big>、<blink>、
  <center>、<dir>、<font>、<frame>、<frameset>、<listing>、
  <marquee>、<noembed>、<noframes>、<nobr>、<plaintext>、
  <spacer>、<strike>、<tt>、<xmp> 等。

- 新增的表單輸入標籤 / 屬性（僅列出部分標籤）

  ✦ color

  ✦ date

  ✦ email

  ✦ number

+ range

+ url

+ required 屬性（重要）：設定該欄位為必填

- HTML 5 提供的 API

  HTML 5 提供了許多 API，例如：

  + Geolocation API（地理定位）

  + Drag and Drop API（拖放操作）

  + Web Storage API（網頁儲存）

  + Web Workers（使用背景執行 JavaScript 元件）

  + Sever-Sent Events（透過伺服器更新網頁）

  + Video/Audio API（影音多媒體）

  + Canvas API（繪圖）

  + Web SQL Database（網頁 SQL 資料庫）

  + Indexed Database API（索引資料庫）

  + File API（用戶端檔案存取）

  + Communication API（跨文件通訊）

  + Web Sockets API（用戶端與伺服器端的雙向通訊）

  + XMLHttpRequest Level 2（Ajax 技術）

1-5 HTML 5 文件的撰寫方式

表 1-1 介紹幾個常見的 HTML 5 文件的編輯工具：

表 1-1

編輯工具名稱	網址	免費
Brackets（推薦）	https://brackets.io/	是
Codepen（雲端使用推薦）	https://codepen.io/features/	是
Visual Studio Code（推薦）	https://code.visualstudio.com/download	是
NotePad＋＋	https://notepad-plus-plus.org/	是
BlueGriffon	http://www.bluegriffon.org/	是
HTML-Kit	http://www.chami.com/html-kit	否
UltraEdit	https://www.ultraedit.com/	否
EditPlus（推薦）	https://www.editplus.com/	否

HTML 5 文件通常涵蓋下列內容：

1. BOM

   - BOM（Browser Object Model，瀏覽器物件模型）

     設定瀏覽器物件，可適用於各個瀏覽器。常用的物件包含 window、document、history 等。

   - DOM（Document Object Model，文件物件模型）

     是一個以樹狀結構來表示 HTML 文件，組合起來就像是一個樹狀結構，所以亦可稱為 DOM tree。如圖 1-1，也可以看出各個 HTML tag 的節點展開。<html> 展開 <head>、<body> 等節點，待各節點結束再回到 </html>。

2. <html>、<title>、<head>、<meta charset＝"UTF-8"> 等標籤。

3. 網頁內容，例如文字、圖片、表格等資料。

4. 為了讓格式容易閱讀，文件亦包含一些空白與註解字元。

　　例如：<head> 內容 </head>

表 1-2

標籤	說明
<head>	為起始標籤，代表這個元素從這裡開始。
</head>	為結束標籤，在內容的最後加上結束標籤，代表這個元素的尾端。

1-6 撰寫第一份 HTML 5 文件

HTML 5 文件包含 DOCTYPE、標頭（header）與主體（body）等三個部分。例子如範例 1-1：

範例 1-1

```
<!-- DOCTYPE -->
<!DOCTYPE html>
<html lang="en">
<!-- HTML 文件的標頭 -->
<head>
    <meta charset="UTF-8">
    <title> My First Project</title>
</head>
<!-- HTML 文件的主體 -->
<body>
    <h1>Hello World！</h1>
</body>
</html>
```

MEMO ...

2 網頁結構

- 網頁格式
- 起始標籤
- 網頁標頭
- 網頁主體
- HTML 5 新增結構標籤
- 網頁的區塊結構

2-1 網頁格式

DOCTYPE（Document Type 的縮寫）的意思是文件類型，用來讓瀏覽器知道該網頁是用什麼版本的標籤語言所撰寫，DOCTYPE 類似於一種文件格式的宣告，而非 HTML 標籤，以便讓瀏覽器正確解讀網頁。

HTML 5 文件的第一行宣告要求是下述的 DOCTYPE，其格式為 HTML，語法為：

```
<!DOCTYPE html>
```

2-2 起始標籤

HTML 5 文件的起始標籤為 <html> 標籤，起始標籤要放在 <DOCTYPE html> 標籤之後，中間會包含 HTML 文件的標頭與主體，在網頁內容撰寫結束、最後則加上 </html> 結束標籤，語法如範例 2-1：

範例 2-1

```
<!DOCTYPE html>
<html>
    包含 HTML 文件的標頭與主體
</html>
```

在 HTML 標籤中，可能夾帶著該標籤的屬性（值）、事件，因此標籤的格式語法如下：

- 屬性

  ✦ 屬性＝值，必須放在 tag<> 標籤之內。兩個以上的屬性，可用空白隔開。

  ✦ 格式為 `<tag attribute="value" [attribute="value"…]>`

  ✦ 範例：<body color="black" bgcolor="white">，設定網頁文字顏色為黑色、背景顏色為白色。

- 觸發事件

  ✦ 事件＝呼叫函數，必須放在 tag<> 標籤之內。

  ✦ 格式為 `<tag event="script()">`，event 是指觸發事件的種類，例如載入網頁時，會觸發 Onload 事件。script() 是指在網頁中所撰寫的腳本程式，多半以函數方式來呼叫。這些腳本程式可能是 JavaScript 或 VBScript 程式所撰寫。

  ✦ 範例：<button onclick="hello()"> 打招呼 </button>，用滑鼠按下按鈕時，會執行 hello() 的腳本程式。

在 HTML 起始標籤中，所對應的屬性及觸發事件有：

- <html> 屬性

  ✦ title、id、class、style、dir、lang、accesskey、tabindex、translate、contenteditable、contextmenu、draggable、hidden、spellcheck、role、aria、data 等屬性。

- <html> 觸發事件屬性

  ✦ 包含 onload、onerror、onoffline、onresize、onpageshow 等觸發 BOM 所執行的腳本程式。

  ✦ <html> 下的觸發事件，亦為整個網頁視窗的事件。例如，在網頁是沒有網路的情況下執行，會觸發 onoffline 事件，若網頁開發者想針對離線作業的網頁給予資訊，則可撰寫該事件程式。

2-3 網頁標頭

<head> 標籤通常接續在 <html> 之後，<head> 起始標籤與 </head> 結束
標籤之間可以放置 title、meta、link、script、style 等標籤，用來標示網頁的
許多基本資訊，<head> 是很重要的網頁區塊，建議撰寫時不要省略。一個
網頁僅能使用一組 <head> 標籤。以下本章節將逐一介紹相關標籤。首先，
<head> 標籤內，可以標示 HTML 文件的標頭，語法如範例 2-2：

範例 2-2

```
<!DOCTYPE html>
<html>
<head>
    HTML 文件的標頭
</head>
</html>
```

2-3-1 <title> 標籤（文件標題）

<title> 標籤用來標示網頁的標題，代表此網頁的名稱，會顯示在瀏覽器上。語
法如範例 2-3：

範例 2-3

```
<!DOCTYPE html>
<html>
<head>
    <title> 網頁的標題 </title>
    ... 其他標頭資訊 ...
</head>
</html>
```

2-3-2 <meta> 標籤（文件相關資訊）

<meta> 標籤功能是用來註明這些網頁資訊，並且提供給瀏覽器搜尋引擎、或網路服務。屬性如下：

- `charset="UTF-8"`：設定網頁語系，如先前章節所提，UTF-8 代表萬用字元的格式（建議使用），可同時顯示不同語系文字。

- name="{application-name, author, generator, keywords, description}"：該網頁持有者的相關資訊。

- content="…"：上述相關資訊的內容。

- http-equiv="…"（網頁轉址或自動重新整理會使用此屬性）。

條列幾項在撰寫網頁程式中，可能會需要使用 <meta> 標籤的重要例子。若讀者尚未學習到相關語法，可先忽略，未來可再回顧這部分。

- `<meta name="viewport" content="width=device-width, initial-scale=1.0">`，設定網頁響應式介面，讓不同裝置在瀏覽網頁時，其介面會跟隨著調整。

- `<meta http-equiv="refresh" content="5">`，設定網頁會每隔五秒，重新整理該網頁。

- `<meta http-equiv="refresh" content="5; url=https://…">`，設定網頁在五秒後，會轉址到某 URL 網址。在學習後端程式後，這是網頁開發者常用兩種轉址的方式，其中之一。

2-3-3 網頁自動轉址範例

範例中的 http-equiv="refresh" 是要網頁重新整理的意思，而 content 等號右邊的數字代表幾秒後執行重新整理，並將網頁帶往 url 等號右邊的網址。另外，要轉址的 <meta> 標籤必須放在網頁的 <head></head> 標籤之內，如範例 2-4：

範例 2-4

```
<!DOCTYPE html>
<html lang="en">
<head>
```

```
    <meta charset="UTF-8">
    <!-- 在 5 秒後跳轉至指定網頁 -->
    <meta http-equiv="refresh" content="5; url=http://fjmr.fju.edu.tw/home/
home.php">
    <title>示範網頁自動導向</title>
</head>
<body>
    <p>此網頁將於 5 秒後跳轉至輔仁管理評論系統</p>
</body>
</html>
```

2-4 網頁主體

<body> 標籤是主要的網頁內容,與 <head> 標籤概念類似,同屬於容器
(container),可在 <body> 內放入其它標籤。但不同之處在於,<head> 是給
瀏覽器所判別的內容,<body> 內的資訊,則是網頁中所呈現的內容。語法如
範例 2-5:

範例 2-5

```
<!DOCTYPE html>
<html>
<head>
    HTML 文件的標頭
</head>
<body>
    HTML 文件的主體
</body>
</html>
```

在 <body> 標籤中,所對應的屬性有:

- background="url":背景圖片

- bgcolor="color|#rrggbb":背景顏色,可給予字串或 RGB。

- text="color|#rrggbb":文字顏色

- link="color|#rrggbb":超連結顏色

- vlink="color|#rrggbb":已造訪過的超連結顏色

2-4-1 <h1>~<h6> 標籤

HTML 提供了 <h1>、<h2>、<h3>、<h4>、<h5>、<h6> 等六種層次的
標題格式,數字越小顯示出來的字體越大,數字越大顯示出來的字體越小,這
些標籤可用來強調文章標題、美化排版或是章節上的編排,屬性如下:

- align=" {left, center, right} "：標題 置左｜置中｜置右對齊。

- 並非所有標籤都有 color 屬性，常見錯誤為 <h1 color="red">（錯誤）。若要設定其標題顏色，可利用 <font color="red"> 或撰寫 CSS 來設定。

範例 2-6

```
<!DOCTYPE html>
<html lang="en">
<head>
    <meta charset="UTF-8">
    <title> 示範標題格式 </title>
</head>
<body>
    <h1 align="left"> 這是標題 1（向左對齊）</h1>
    <h2 align="center"> 這是標題 2（置中對齊）</h2>
    <h3 align="right"> 這是標題 3（向右對齊）</h3>
    <h4><font color="red"> 這是標題 4</font></h4>
    <h5> 這是標題 5</h5>
    <h6> 這是標題 6</h6>
</body>
</html>
```

2-4-2 <p> 標籤

<p> 標籤為 paragraph 的縮寫，代表段落，可用 <p></p> 標籤來顯示文章的不同段落。不同的段落，在網頁會顯示段落間的間隔，屬性如下：

```
align="{left,center,right}"
```

範例 2-7

```html
<!DOCTYPE html>
<html lang="en">
<head>
    <meta charset="UTF-8">
    <title> 示範段落格式 </title>
</head>
<body>
    <p> 手不釋卷：看書入迷，手都捨不得放下書，形容勤奮好學。</p>
    <p> 廢寢忘食：不睡覺，忘記了吃飯，形容專心努力。</p>
    <p> 專心致志：把心思全放在上面，形容一心一意，聚精會神。</p>
</body>
</html>
```

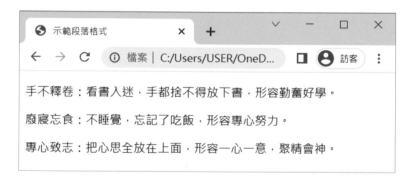

2-5 HTML 5 新增結構標籤

在文章結構上，HTML 5 所新增的結構標籤如下條列。然而，這些結構標籤僅是方便網頁開發者註記，假若開發者並沒有針對這些標籤設定 CSS 風格，其在網頁上顯示的內容並不會突顯出這些結構標籤的差異。因此，建議讀者在學習過 CSS 之後，再來搭配使用這些結構標籤。

- <article>：表示文章
- <section>：表示文章章節
- <hgroup>：表示標題區塊
- <nav>（重要）：表示導覽列
- <header>：表示表格標頭
- <footer>：表示表尾
- <aside>：表示側邊列
- <address>：表示地址資訊
- <time>：表示時間資訊

2-6 網頁的區塊結構

2-6-1 結構標籤範例

舉例來說，<article> 標籤通常用來標示一整個文章的內容，文章結束則以 </article> 表示。<section> 標籤則是放置文章內的章節，結束時以 </section> 表示。<hgroup> 標籤則是表示哪一段的 HTML 語法是屬於標題，結束時以 </hgroup> 表示。範例中，在無 CSS 設定中，這些結構標籤在網頁顯示上，並沒有明顯差異；網頁中所顯示的，只是 <h1> 或 <h3> 所顯示的標題大小、粗體效果。

範例 2-8

```html
<!DOCTYPE html>
<html lang="en">
<head>
    <meta charset="UTF-8">
    <title> 成語欣賞 </title>
</head>
<body>
    <article>
        <hgroup>
            <h1> 成語欣賞 </h1>
            <h3> 主題：有關認真學習的成語。</h3>
        </hgroup>
        <!-- 第一個 section -->
        <section>
            <h1> 手不釋卷 </h1>
            <p> 看書入迷，手都捨不得放下書，形容勤奮好學。</p>
        </section>
        <!-- 第二個 section -->
        <section>
            <h1> 廢寢忘食 </h1>
            <p> 不睡覺，忘記了吃飯，形容專心努力。</p>
        </section>
    </article>
</body>
</html>
```

2-6-2 <nav> 標籤範例

HTML 5 新增了 <nav> 標籤，可以用來標示導覽列。若搭配 CSS 設定，可建置出網頁中常見的導覽列效果（後續章節會提及）。如範例 2-9：

範例 2-9

```html
<!DOCTYPE html>
<html lang="en">
<head>
    <meta charset="UTF-8">
    <title> 成語欣賞 </title>
</head>
<body>
    <nav>
        <ul>
            <li><a href="idiom1.html"> 手不釋卷 </a></li>
            <li><a href="idiom2.html"> 廢寢忘食 </a></li>
            <li><a href="idiom3.html"> 專心致志 </a></li>
        </ul>
    </nav>
</body>
</html>
```

2-6-3 <header> 與 <footer> 標籤範例

網頁的標頭和頁尾，也可以使用來 <header> 與 <footer> 標籤來標示，其用途可為：

● <header>：通常放置網站標題、導覽列、超連結。

● <footer>：網頁的頁尾，通常放置聯絡方式、其他連結資訊等。

如範例 2-10：

範例 2-10

```html
<!DOCTYPE html>
<html lang="en">
<head>
    <meta charset="UTF-8">
    <title> 成語欣賞 </title>
    <style>
        body{margin: 0%;}
        header,footer{ display: block; clear: both; padding: 5px; text-align:
center; }
        nav{ line-height: 35px; display: block; float: left; width: 20%;
height: 150px; background:#FFC78E; padding: 5px; }
        article{ display: block; float: right; width: 76.5%; height: 150px;
background:#FFED97; padding: 5px; }
    </style>
</head>
<body>
    <header>
        <h1> 成語欣賞 </h1>
    </header>
    <nav>
        <ul>
            <li><a href="idiom1.html"> 手不釋卷 </a></li>
            <li><a href="idiom2.html"> 廢寢忘食 </a></li>
            <li><a href="idiom3.html"> 專心致志 </a></li>
        </ul>
    </nav>
    <article>
        <p><b> 手不釋卷 </b>：看書入迷，手都捨不得放下書，形容勤奮好學。</p>
        <p><b> 廢寢忘食 </b>：不睡覺，忘記了吃飯，形容專心努力。</p>
        <p><b> 專心致志 </b>：把心思全放在上面，形容一心一意，聚精會神。</p>
    </article>
    <footer>
        <p><small> 前端網頁設計課程 </small></p>
    </footer>
</body>
</html>
```

2-6-4 <aside> 標籤

<aside> 標籤用於標示網頁的側邊欄，通常表示左邊或右邊的功能表、選單內容、附加訊息等內容。如範例 2-11：

範例 2-11

```
<aside>
      <section>
          <p> 點擊了解成語解釋：</p>
          <nav>
              <ul>
                  <li><a href="idiom1_1"> 手不釋卷 </a></li>
                  <li><a href="idiom1_2"> 廢寢忘食 </a></li>
                  <li><a href="idiom1_3"> 專心致志 </a></li>
              </ul>
          </nav>
      </section>
</aside>
```

2-6-5 結構標籤與 Layout 設定

上述的這些標籤在未使用 CSS 語法之前，其實看不出來標籤內容所帶來的網頁變化。主要原因是這些標籤多半用來顯示網頁版型（Layout 或是 DOM 的結構），若尚未設計標籤所對應的 CSS，就看不出來其對應的結構大小、顏色及風格。

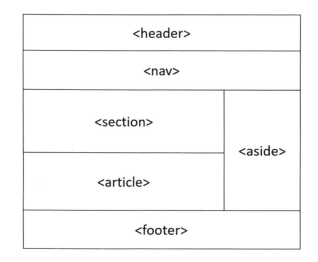

以上圖為例，若將網頁版型設計成 <head>、<nav>、<section>、<article>、<aside>、<footer> 等結構標籤，除了 HTML 語法外，必須進一步針對這些標籤設定 CSS 語法，讓網頁切割成想要的版型。本書後續章節也會介紹到使用（1）<table> 語法（較簡單）及（2）CSS 語法兩種方式，來達到切割網頁版型的目的。

3 | 資料編輯與格式化

- 區塊格式
- 文字格式
- 項目清單
- 定義清單

3-1 區塊格式

3-1-1 <pre> 標籤

HTML 語法僅判斷文件中的標籤，因此過多的空白或換行，在網頁中是無關緊要、且無法顯示在網頁內容的。<pre> 標籤是按照原文件中的程式碼編排，其空格、換行與標點符號都會顯示在瀏覽結果上。如範例 3-1：

範例 3-1

```
<body>
    <pre>
        int main()
        {
            int num;
            scanf( "%d", &num );
            printf( "%d", num );
        }
    </pre>
</body>
```

3-1-2 **<blockquote> 標籤**

<blockquote> 標籤會透過縮排來呈現，如範例 3-2：

範例 3-2

```
<body>
    <blockquote>《排球少年 !!》</blockquote>
    <blockquote> 作者：古館春一 </blockquote>
    <p> 發表期間：2012 年 2 月 20 日 ~2020 年 7 月 20 日 </p>
    <p> 漫畫冊數 / 話數：全 45 冊 / 全 402 話 + 外傳 7 話 </p>
</body>
```

3-1-3 **<hr> 標籤（水平線）**

<hr> 標籤是在網頁中加入水平線，可改變其水平線的顏色、對齊方向、長寬比例等，如範例 3-3：

範例 3-3

```
<body>
    <p>1. 靠右水平線 </p>
    <hr color="#FFD306" width="350" size="10" align="right">
    <p>2. 置中水平線 ( 預設 )</p>
    <hr color="#2894FF" width="40%" size="5">
    <p>3. 靠左水平線 </p>
    <hr color="#CA8EFF" width="250" size="15" align="left">
</body>
```

3-1-4 <div> 標籤（多行區塊）

<div> 標籤是用來將網頁中劃分數個不同的區塊，利用 <div> 區塊設定 CSS 來進行排版，方便網頁開發者進行規劃設計與整理。範例 3-4 中，程式將 <div> 背景顏色設定淺藍色、內距為 10 pixel。

範例 3-4

```
<body>
    <div style="background-color: #D2E9FF; padding: 10px;">
        <h1> 永世不朽的經典漫畫 </h1>
        <ul>
            <li><a href="comics_1"> 海賊王 </a></li>
            <li><a href="comics_2"> 排球少年 </a></li>
            <li><a href="comics_3"> 進擊的巨人 </a></li>
        </ul>
    </div>
</body>
```

3-1-5 <marquee> 標籤

<marquee> 標籤為跑馬燈效果，可在網頁中設定來回跑動的文字。雖然在 HTML 5 之後，已建議開發者停用 <marquee> 標籤，但目前許多瀏覽器仍支援該語法。在 <marquee> 屬性中，可以自由設定文字的卷軸方向、卷軸跑動速度和折返方向等，如範例 3-5。

<marquee> 屬性

- Behavior="{scroll, alternate, slide}"

- Direction="{left, up, right, down}"

- Scrolldelay="60"：設定卷軸跑動速度，60 為最低速度，低於 60 則會被忽略。

- Scrollamount="6"：設定卷軸跑動間距的像素。

範例 3-5

```
<body>
    <p><marquee bgcolor="#D2E9FF" width="500" height="20">跑馬燈方向：由右而左
</marquee></p>
    <p><marquee direction="left" bgcolor="#D2E9FF" width="500" height="20">
跑馬燈方向：由右而左 ( 同預設 )</marquee></p>
```

```
    <p><marquee direction="right" bgcolor="#D2E9FF" width="500" height="20">
跑馬燈方向：由左而右 </marquee></p>
    <p><marquee direction="up" bgcolor="#D2E9FF" width="500" height="20"
scrolldelay="1000"> 跑馬燈方向：由下而上 </marquee></p>
    <p><marquee direction="down" bgcolor="#D2E9FF" width="500" height="20"
scrolldelay="1000"> 跑馬燈方向：由上而下 </marquee></p>

    <p><marquee bgcolor="#8CEA00" width="80%" height="2%" scrollamount="5"
scrolldelay="100"> 跑馬燈效果：跑到盡頭後再重新開始 </marquee></p>
    <p><marquee behavior="scroll" bgcolor="#8CEA00" width="80%" height="2%"
scrollamount="5" scrolldelay="100"> 跑馬燈效果：跑到盡頭後再重新開始 ( 同預設 )
</marquee></p>
    <p><marquee behavior="alternate" bgcolor="#8CEA00" width="80%" height="2%"
scrollamount="5" scrolldelay="100"> 跑馬燈效果：左右來回移動 </marquee></p>
</body>
```

3-1-6 **<!-- -->（註解）**

<!-- --> 標籤為註解，在註解中的內容並不會顯示在網頁瀏覽結果上，如範例 3-6：

範例 3-6

```
<body>
    <!-- 以下為經典漫畫的基本介紹（此行為註解） -->
    <p>《排球少年！！》</p>
    <p>作者：古館春一 </p>
    <p> 發表期間：2012 年 2 月 20 日~2020 年 7 月 20 日 </p>
    <p> 漫畫冊數 / 話數：全 45 冊 / 全 402 話 + 外傳 7 話 </p>
</body>
```

3-2 文字格式

3-2-1 常見文字標籤

HTML 提供多種特殊的文字格式，如 <b>、<strong>、<i>、<u>、<sub>、<sup>、<em>、<dfn>、<code>、<var>、<cite>、<s>、<del>、<q>、<mark> 等標籤。其語法及顯示結果如下圖：

< b >粗體< /b >	**粗體**
< strong >粗體< /strong >	**粗體**
< i >斜體< /i >	*斜體*
< u >底線< /u >	<u>底線</u>
< sub >下< /sub >標符號	下標符號
< sup >上< /sup >標符號	上標符號
< em >強調符號< /em >	*強調符號*
< dfn >定義符號< /dfn >	*定義符號*
< code >程式碼格式< /code >	程式碼格式
< cite >引用格式< /cite >	*引用格式*
< var >變數格式< /var >	*變數格式*
< q >雙引號< /q >	"雙引號"
< s >刪除格式< /s >	~~刪除格式~~
< del >刪除格式< /del >	~~刪除格式~~
< mark >螢光筆格式< /mark >	螢光筆格式

3-2-2 **<font>、<basefont> 標籤（字型）**

<font> 標籤中定義字型大小、顏色和字體等。雖然 HTML 5 建議開發者停用 <font> 標籤，建議改以使用 CSS 設定字型。但過去許多網站仍保有該標籤，因此許多瀏覽器仍支援 <font> 語法。如範例 3-7。

<font> 常用屬性

- face：字體。
- size：字型大小，單位為 point。
- color＝{color | #rrggbb}：顏色。

範例 3-7

```
<body>
    <p> 進擊的巨人 </p>
    <p><font size="1" color="green" face=" 微軟正黑體 "> 進擊的巨人 </font></p>
    <p><font size="2" color="purple" face=" 微軟正黑體 "> 進擊的巨人 </font></p>
    <p><font size="3" color="red" face=" 標楷體 "> 進擊的巨人 </font></p>
    <p><font size="4" color="navy" face=" 標楷體 "> 進擊的巨人 </font></p>
    <p><font size="5" color="teal" face=" 新細明體 "> 進擊的巨人 </font></p>
    <p><font size="6" color="blue" face=" 新細明體 "> 進擊的巨人 </font></p>
    <p><font size="7" color="olive" face=" 華康粗圓體 "> 進擊的巨人 </font></p>
</body>
```

3-2-3
 標籤

 標籤是在網頁中有換行的效果，類似按下 Enter 鍵，且不需要有結束標籤，如範例 3-8：

範例 3-8

```
<body>
    <p>《排球少年 !!》<br> 作者：古館春一 <br>
    發表期間：2012 年 2 月 20 日 ~2020 年 7 月 20 日 <br>
    漫畫冊數 / 話數：全 45 冊 / 全 402 話 + 外傳 7 話 </p>
</body>
```

3-2-4 與 <p> 標籤比較

使用 <p> 標籤為另起段落，文字與文字上下的距離會比使用
 標籤大，
且 <p> 標籤需要結束標籤 </p>，
 標籤則不需要，如範例 3-9：

範例 3-9

```
<body>
    <p>《排球少年 !!》</p>
    <p> 作者：古館春一 </p>
    <p> 發表期間：2012 年 2 月 20 日 ~2020 年 7 月 20 日 </p>
    <p> 漫畫冊數 / 話數：全 45 冊 / 全 402 話 + 外傳 7 話 </p>
</body>
```

3-2-5 <span> 標籤（單行區塊）

<span> 標籤是用來劃分網頁中的某區塊，其概念非常類似於 <div> 標籤。不同之處在於，網頁開發者通常標示多行區塊（即跨多行 HTML 標籤），喜歡採用 <div> 標籤；標示單行區塊（即單行的 HTML 標籤），則喜歡採用 <span> 標籤。以下範例是將屬於 <span> 區塊的文字，改以藍色。

範例 3-10

```
<!DOCTYPE html>
<html lang="en">
<head>
    <meta charset="UTF-8">
    <title>span 行內 </title>
    <style>
        .note {
            color: blue;
        }
    </style>
</head>
<body>
    漫畫 1：<span class="note">《排球少年 !!》</span> 的作者是 古館春一。<br>
    漫畫 2：<span class="note">《進擊的巨人》</span> 的作者是 諫山創。<br>
</body>
</html>
```

3-3 項目清單

HTML 提供兩種項目清單的語法，第一種 <ul> 是沒有數字排序的清單（Unordered List），另一種是使用數字編號排序的清單是 <ol>（Ordered List）。以上兩種項目清單的架構中會包含數個 <li>（list item）。其格式為：

- <ol> 或 <ul>：開啟第一層項目

    ✦ <li> 清單名稱 A</li>：網頁中所顯示的第一層清單

    ✦ <li> 清單名稱 B</li>：網頁中所顯示的第一層清單

    ✦（<ol> 或 <ul>）：開啟第二層項目

        ▪ <li> 清單名稱 1</li>：網頁中所顯示的第二層清單

    ✦（</ol> 或 </ul>）：結束第二層項目

- </ol> 或 </ul>：結束第一層項目

<ul> 標籤中可指定項目符號的圖形，如範例 3-11：

範例 3-11

```
<body>
    <ul type="square">
        <li> 排球少年 </li>
        <li> 鬼滅之刃 </li>
        <li> 進擊的巨人 </li>
    </ul>
</body>
```

指定項目符號為實心方塊

3-3-1 **<ul> 屬性**

- <ul type＝circle>：空心圓
- <ul type＝disc>：實心圓
- <ul type＝square>：方型

3-3-2 **<ol> 屬性**

- <ol type＝1 start＝4>：以數字排序，從 4 號開始編起。
- <ol type＝a | A>：以 a 或 A 英文順序排序，如 a、b、c。
- <ol type＝i | I>：以 i 或 I 羅馬數字排序，如 i、ii、iii。

3-4 定義清單

<dl>、<dt>、<dd> 標籤是用於網頁排版的方式，有縮排與層級的效果。其概念跟 <ol> 與 <ul> 項目清單類似，只是在網頁中沒有呈現任何符號。<dl> 標籤是代表清單層級的開始，<dt> 及 <dd> 都是放在 <dl></dl> 之內。<dt> 代表第一層，而 <dd> 代表縮排的第二層。其格式如以下說明：

- <dl>：清單層級的開始
    - <dt>：第一層清單
    - <dd>：第二層項目
- </dl>：清單層級的結束

如範例 3-12：

範例 3-12

```
<body>
    <dl>
        <dt>《灌籃高手》</dt>
        <dd>籃球漫畫以不良少年櫻木花道的挑戰和成長為中心。</dd>
    </dl>
```

```
    <dl>
        <dt>《進擊的巨人》</dt>
        <dd> 故事建立在人類與巨人的衝突上,
            人類居住在由高牆包圍的城市,
            對抗會食人的巨人。</dd>
    </dl>
</body>
```

MEMO ...

4 | 超連結與圖片

- URL 的類型
- 超連結標籤
- 指定相對路徑資訊
- 外部資源連結標籤
- 書籤
- 圖片標籤
- 影像地圖標籤
- 圖型標註標籤

4-1 URL 的類型

超連結的定址方式稱為 URL（Universal Resource Location），中譯統一資源定址，通稱為網址。通常包含下列幾個部分：

> 通訊協定 **://** 伺服器名稱 **[:** 通訊埠編號 **]/** 資料夾 **[/** 資料夾 2…**]/** 文件名稱

如下：

範例 4-1

```
http://www.test.com.tw/Website/index.html
```

- 通訊協定：在鍵入 URL 時，可以指定連結的通訊協定，例如：http、https、ftp 等方式來連結網址。
- 伺服器名稱：或該主機名稱、網域名稱，例如：**www.edu.tw**。
- 資料夾或目錄：顯示該伺服器下資料夾名稱。
- 文件名稱：最後是顯示該連結檔案的名稱，例如：.pdf 或 .htm 檔。

4-1-1 絕對 URL（絕對位置）

絕對 URL（Absolute URL）是指輸入的網址中，須包含通訊協定、伺服器名稱、資料夾和文件名稱的完整路徑。

4-1-2 相對 URL（相對位置）

相對 URL（Relative URL）通常只包含資料夾和文件名稱，有時甚至連資料夾都可以省略不寫，其會連結到目前檔案所對應的位置。

4-2 超連結標籤

<a> 標籤可以建立通往其他頁面、檔案、Email 地址、或 URL 的超連結，需搭配 href 屬性，href 屬性的值可以是任何有效檔案的相對或絕對 URL，如範例 4-2：

範例 4-2

```
<body>
    各科系入學簡章說明，請仔細閱讀，以免影響個人權益：
    <ul>
        <!-- 相對路徑 -->
        <li><a href="IM.html"> 資管系入學簡章 </a></li>
        <li><a href="AC.html"> 會計系入學簡章 </a></li>
        <li><a href="PSY.html"> 心理系入學簡章 </a></li>
    </ul>
    <!-- 絕對路徑 -->
    更多資訊：<a href="https://www.edu.tw/Default.aspx"> 教育部全球資訊網 </a>
</body>
```

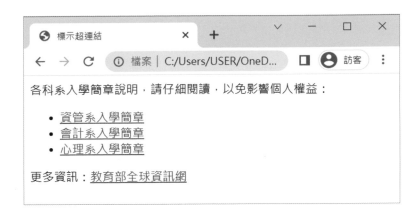

4-2-1 target 屬性

```
<a target=" ">
```

- 目前網頁（預設）：<a target="_self">

- 開新分頁：<a target="_blank">

- 父框架開連結：<a target="_parent">

- 自己設框架名稱做連結，與 iframe 語法串接

在網頁 index.html 中使用了一個 iframe，並自訂目標連結名稱，若希望每次連結 index.html，都轉向自訂的目標連結，這時就可以使用 target=" 目標連結名稱 " 這個標籤來做指定，如範例 4-3：

範例 4-3

```
<iframe src="web.html"name=" 目標連結名稱 "></iframe>
      ...
<a href="xxxx"target=" 目標連結名稱 ">
```

4-2-2 練習相對路徑設定

以下為在網頁中撰寫相對路徑的語法：

- **回到目前資料夾的上一層**

  例如：`<a href="../ 檔案名稱 .html"></a>`

- **回到目前資料夾的上兩層**

  例如：`<a href="../../ 檔案名稱 .html"></a>`

- **進入目錄 / 自訂名稱**

  例如：`<a href=" 目錄名稱 /web.html"></a>`

4-3 指定相對路徑資訊

<base> 用來設定目前網頁的基本路徑，不需要結束標籤。設定後，在網頁內的 <a> 標籤，皆會以該路徑作為對應路徑。如範例 4-4：

範例 4-4

```
<!DOCTYPE html>
<html lang="en">
<head>
    <meta charset="UTF-8">
    <title> 示範相對位置 </title>
    <!-- base 沒有結束標籤 -->
    <base href="http://fjmr.fju.edu.tw/">
</head>
<body>
    <!-- 在 HTML 中，<base> 標籤必須被正確關閉 -->
    <a href="../home/home.php"> 管理評論系統首頁 </a>
</body>
</html>
```

4-4 外部資源連結標籤

<link> 為連結檔案的標籤，用來連結網頁與外部資源，通常放在 <head></head> 內的標籤，並無限定連結次數。如範例 4-5：

- `<link rel="stylesheet" href="style.css">`：使用 <link> 標籤連結 CSS 檔（常用），其路徑為相對路徑中的 style.css 檔案。

範例 4-5

```
<!DOCTYPE html>
<html lang="en">
<head>
    <meta charset="UTF-8">
    <title> 指定文件的關聯 </title>
    <!-- link 沒有結束標籤 -->
    <link rel="top" href="http://fjmr.fju.edu.tw/">
    <link rev="pre" href="backpage.html">
    <link type="text/css" rel="stylesheet" href="h1.css">
</head>
</html>
```

4-5 書籤

若同一網頁下，內容資訊多、網頁區塊繁雜，網頁開發者可利用 <a> 標籤來建立網頁書籤，讓使用者在點擊書籤連結後，頁面將直接滾動到指定的位置，如範例 4-6：

範例 4-6

```
<body>
    <h2> 永垂不朽的日本動畫 </h2>
    <ul>
        <li><a href="# 進擊的巨人 "> 進擊的巨人 </li>
        <li><a href="# 灌籃高手 "> 灌籃高手 </li>
        <li><a href="# 航海王 "> 航海王 </li>
    </ul>
    <hr>
    <dl>
        <dt><b><i><a name=" 進擊的巨人 "> 進擊的巨人 </a></i></b></dt>
        <dd> 故事建立在人類與巨人的衝突上，
            人類居住在由高牆包圍的城市，
            對抗會食人的巨人。</dd>
        <dt><b><i><a name=" 灌籃高手 "> 灌籃高手 </a></i></b></dt>
        <dd> 籃球漫畫以不良少年櫻木花道的挑戰和成長為中心。</dd>
        <dt><b><i><a name=" 航海王 "> 航海王 </a></i></b></dt>
        <dd> 作品以虛構的「大海賊時代」為故事舞台，
            描述主角魯夫想要得到「ONE PIECE」（一個大秘寶）
            和成為「海賊王」為夢想而出海向「偉大的航道」航行的海洋冒險故事。</dd>
    </dl>
</body>
```

4-6 圖片標籤

4-6-1 圖片的高度、寬度與框線

<img> 標籤是將圖檔嵌入網頁中，常用的 <img> 屬性及範例如下：

- <img> 屬性

    - src="URL"：source 的縮寫，代表圖片的來源，此處的 URL 必須鍵入的文件檔案名稱包含副檔名，並以能支援瀏覽器顯示的圖形為主，如 jpg、tif、gif 等格式。

    - border="pixel"：設定圖片框線的粗細程度。

    - width="pixel"：可指定圖片寬度（像素）或比例。

    - height="pixel"：可指定圖片高度（像素）或比例。

範例 4-7

```
<body>
    <!-- 天空圖片：高度為 300 像素、寬度為 380 像素 -->
    <img src="sky.jpg" height="300" width="380">
    <!-- 稻穗圖片：高度為 150 像素、寬度為 200 像素、框線為 5 像素 -->
    <img src="paddy.jpg" height="150" width="200" border="5">
</body>
```

4-6-2 圖片的對齊方式

若無指定圖片的對齊方式，預設為自動斷行，網頁瀏覽結果如下圖。若要指定圖片對齊方式可使用 align 屬性，設計讓圖片在網頁中置中（如範例 4-8）、靠右（如範例 4-9）、靠左（如範例 4-10），或是設定 valign 屬性，設定垂直位置是上、中、下。

- align＝"left, center, right"：水平對齊位置，置左、置中或置右。
- valign＝"top, middle, bottom"：垂直對齊位置，置頂、置中或置底。

範例 4-8

```
<body>
    <!-- 沒有指定圖片的對齊方式 -->
    <img src="paddy.JPG" height="300" width="400">
    <h1> 稻米的營養 </h1>
    <p> 稻米所含的營養以澱粉為主，是熱量的主要來源。</p>
</body>
```

範例 4-9

```
<!-- 指定圖片在右方 -->
<img src="paddy.JPG" height="300" width="400" align="right">
```

範例 4-10

```
<!-- 指定圖片在左方 -->
<img src="paddy.JPG" height="300" width="400" align="left">
```

4-7 影像地圖標籤

影像地圖標籤是一種能夠在網頁圖片 <img> 上規劃出不同區塊，讓每個區塊成為超連結效果的網頁設計技巧，當使用者點擊該區塊將會連結至指定的頁面。其撰寫步驟如下：

4-7-1 繪製圖片並定義熱點

第一個步驟是選擇一套影像處理軟體繪製要做為影像地圖的圖片，然後定義熱點，點擊區域即可連結到相對應的網頁。

4-7-2 在 HTML 文件中建立影像地圖

第二個步驟是要在 HTML 文件中建立影像地圖，此時會使用到 <map> 和 <area> 兩個標籤，其中 <map> 標籤是與圖片做連結，可包含數個 <area> 標籤劃分不同區塊。shape 屬性可設計連結區塊的圖形，可指定成 poly 多邊形、circle 圓形、rect 矩形。詳細格式與說明如下：

- 格式為 <area shape= 形狀 cords= 座標值 href= 目標連結網址 alt= 圖片說明 >

  ✦ shape＝circle：圓形連結，其對應座標 coords＝X 軸座標值， Y 軸座標值， 半徑像素值。例如，coords＝ "100, 400, 80"，指的是圖片的 X 軸 (往右) 移動 100 像素、Y 軸 (往下) 移動 400 像素的位置為圓心，以半徑 80 像素大小畫成圓形連結。

  ✦ shape＝rect：矩形連結，其對應座標 coords＝ 矩形左上角 X 軸座標值， 矩形左上角 Y 軸座標值， 矩形右下角 X 軸座標值， 矩形右下角 Y 軸座標值，共四個值。

  ✦ shape＝poly：多邊形連結，其對應座標值可以很多，但必須為偶數，分別代表節點的 X 軸與 Y 軸座標，如 coords＝ 節點 A 之 X 軸座標值，節點 A 之 Y 軸座標值， 節點 B 之 X 軸座標值， 節點 B 之 Y 軸座標值…，多邊形的節點數量可依開發者決定。

範例 4-11

```
<map name="map1">
    <area shape="circle" coords="100,400,80" href=" 目標連結網址 " alt=" 屏東公園 ">
</map>
```

4-7-3 指定圖片與影像地圖的關聯

最後一個步驟是要指定圖片與影像地圖的關聯，如範例 4-12：

範例 4-12

```
<img src="map.jpg" border="2" alt=" 新莊區地圖 " usemap="#map1" width="600px">
```

4-8 圖形標註標籤

HTML 5 語法多增加了 <figure>、<figcaption> 標籤，主要是用來標註網頁圖片或圖片標題的區塊，建議開發者可搭配 CSS 來設定風格。如範例 4-13：

範例 4-13

```
<body>
    <figure>
        <img src="paddy.JPG" height="300" width="400">
        <figcaption> 稻穗（拍攝地點：高雄美濃）</figcaption>
    </figure>
</body>
```

5 表格

- 表格標籤
- 表格的格式
- 表格標題標籤
- 表格的相關標示標籤
- 顏色名稱對照表

5-1 表格標籤

<table>、<th>、<tr> 和 <td> 標籤是 HTML 表格中常見的標籤，<table>為包覆整個表格的結構和內容，<th>（table heading）通常放在第一行，代表表格的標頭，其網頁顯示會置中加粗體；<tr>（table row）用來定義表格有幾個行（row）；<tr> 裡面有 <td>（table data）用來定義表格有幾個欄或列（column），裡面是放實際表格內的資料，如範例 5-1：

範例 5-1

```
<body>
    <table border="1" style="text-align:center">
        <tr>
            <th width="100"> 名稱 </th>
            <th width="100"> 作者 </th>
            <th width="280"> 劇情大綱 </th>
        </tr>
        <tr>
            <td> 進擊的巨人 </td>
            <td> 諫山創 </td>
            <td> 故事建立在人類與巨人的衝突上，人類居住在由高牆包圍的城市，對抗會食人
的巨人。</td>
        </tr>
```

```
    <tr>
        <td> 灌籃高手 </td>
        <td> 井上雄彥 </td>
        <td> 籃球漫畫以不良少年櫻木花道的挑戰和成長為中心。</td>
    </tr>
    <tr>
        <td> 航海王 </td>
        <td> 尾田榮一郎 </td>
        <td> 作品以虛構的「大海賊時代」為故事舞台，描述主角魯夫想為「海賊王」，
為夢想而出海向「偉大的航道」航行的海洋冒險故事。</td>
    </tr>
</table>
</body>
```

名稱	作者	劇情大綱
進擊的巨人	諫山創	故事建立在人類與巨人的衝突上，人類居住在由高牆包圍的城市，對抗會食人的巨人。
灌籃高手	井上雄彥	籃球漫畫以不良少年櫻木花道的挑戰和成長為中心。
航海王	尾田榮一郎	作品以虛構的「大海賊時代」為故事舞台，描述主角魯夫想為「海賊王」，為夢想而出海向「偉大的航道」航行的海洋冒險故事。

5-2 表格的格式

5-2-1 表格的背景色彩與背景圖片

在 <table> 標籤中加入 bgcolor 屬性，可指定背景顏色（如範例 5-2）或圖片
（如範例 5-3）。

範例 5-2

```
<!-- 表格背景顏色指定為紫色 -->
<table border="1" bgcolor="#C7C7E2">
…（程式碼省略）
</table>
```

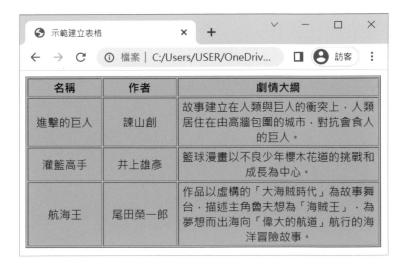

範例 5-3

```
<!-- 表格背景指定為圖片 -->
<table border="1" style="text-align:center" background="bgc.jpg">
…（程式碼省略）
</table>
```

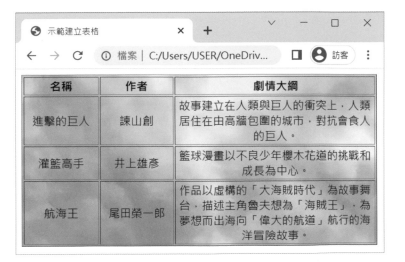

5-2-2 表格的寬度、框線、間距

在 <table> 標籤中，網頁開發者常用的幾種屬性來設定樣式，包含表格的寬度、框線粗細、表格內的間距。

- width=" 數字 (pixel) | width=" 數字 % "：設定表格的寬度（像素）或佔網頁版面的比例。

  例如：`<table width="300">` 或 `<table width="75%">`

- bordercolor="color |#rrggbb"：框線色彩

- border=" 數字 "：框線粗細

  如範例 5-4：

範例 5-4

```
<table border="5" bordercolor="#FFFFFF">
<table border="5" bordercolor="red">
```

- cellpadding=" 數字 (pixel)"：設定表格欄位文字與框線的間距。在語法中，cell 是指表格欄位或是儲存格的意思。

- cellspacing=" 數字 (pixel)"：設定表格欄位之間的間距

5-2-3 表格的對齊方式

先前章節有介紹過 align 與 valign 屬性，但在 <table> 標籤中，每個 <tr> 行、<td> 欄，都能夠自行設定 align 與 valign 屬性。align 屬性包含 center（置中，如範例 5-5）、left（置左）、right（置右）等對齊方式，如範例 5-5：

範例 5-5

```
<body>
    <div>
        <table border="1" align="center">
            <tr align="center" style="color:blueviolet;">
                <td><b> 動漫名稱 </b></td>
                <td><b> 作者 </b></td>
            </tr>
            <tr>
```

```
            <td>《進擊的巨人》</td>
            <td>諫山創</td>
        </tr>
        <tr>
            <td>《灌籃高手》</td>
            <td>井上雄彥</td>
        </tr>
        <tr>
            <td>《航海王》</td>
            <td>尾田榮一郎</td>
        </tr>
    </table>
  </div>
  <div>
      <p>表格內容：來自日本永垂不朽的漫畫及其作者。</p>
  </div>
</body>
```

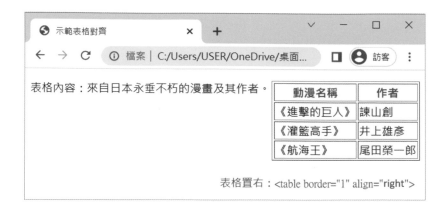

valign 屬性的垂直對齊方式，包含 top（置頂）、middle（置中）、bottom（置底）等對齊方式，如範例 5-6：

範例 5-6

```
<table border="1" width="100%" height="300px">
    <tr bgcolor="#FFE4CA" >
      <td align="left"> 向左對齊 </td>
      <td align="center"> 水平置中 </td>
      <td align="right"> 向右對齊 </td>
    </tr>
    <tr bgcolor="#D2E9FF" >
      <td valign="top"> 靠上對齊 </td>
      <td valign="middle"> 垂直置中 </td>
      <td valign="bottom"> 靠下對齊 </td>
    </tr>
    <tr bgcolor="#CECEFF" >
      <td align="right" valign="top"> 靠右上對齊 </td>
      <td align="center" valign="middle"> 水平垂直置中 </td>
      <td align="right" valign="bottom"> 靠右下對齊 </td>
    </tr>
</table>
```

5-2-4 表格欄位的背景設定

同樣地，如果網頁開發者要針對每個欄位設計其背景色彩，可在 <tr> 或 <td> 標籤中，加入 bgcolor 屬性，如範例 5-7：

範例 5-7

```
<table border="1">
    <tr bgcolor="#ACD6FF" align="center">
        <td><b> 動漫名稱 </b></td>
        <td><b> 作者 </b></td>
    </tr>
    <tr bgcolor="#CECEFF">
        <td>《進擊的巨人》</td>
        <td> 諫山創 </td>
    </tr>
    <tr bgcolor="#FFDCB9">
        <td>《灌籃高手》</td>
        <td> 井上雄彥 </td>
    </tr>
    <tr bgcolor="#FFF4C1">
        <td>《航海王》</td>
        <td> 尾田榮一郎 </td>
    </tr>
```

5-3 表格標題標籤

每個 <table> 標籤可搭配一個 <caption> 標籤，代表表格的標題名稱。一般而言，<caption> 是置於 <table> 標籤之後，但在網頁顯示上則是出現在表格上方，如範例 5-8：

範例 5-8

```
<table border="1" align="center">
    <caption> 永垂不朽的日本漫畫 </caption>
    <tr bgcolor="#ACD6FF" align="center">
        <td><b> 動漫名稱 </b></td>
        <td><b> 作者 </b></td>
    </tr>
    <tr bgcolor="#CECEFF">
        <td>《進擊的巨人》</td>
        <td> 諫山創 </td>
    </tr>
    <tr bgcolor="#FFDCB9">
        <td>《灌籃高手》</td>
        <td> 井上雄彥 </td>
    </tr>
    <tr bgcolor="#FFF4C1">
        <td>《航海王》</td>
        <td> 尾田榮一郎 </td>
    </tr>
</table>
```

5-4　表格的相關標示標籤

在 HTML 5 所新增的標籤中，針對表格也加入了 <thead>、<tbody>、<tfoot> 標示標籤，其分別表示表頭，表格內容及表尾三個區塊。如同先前章節所敘述，標示標籤為幫助網頁開發者標示區塊，若搭配 CSS 設定，才能夠顯示其區塊的顏色、配置與風格。如範例 5-9：

範例 5-9

```
<body>
    <table border="1" rules="groups" width="100%">
        <!-- 表格標題 -->
        <caption> 宿舍費用繳費狀態 </caption>
        <!-- 表格表頭 -->
        <thead bgcolor="#D0D0D0">
            <tr>
                <th rowspan="2"></th>
                <th colspan="2"> 上學期 </th>
                <th colspan="2"> 下學期 </th>
            </tr>
            <tr>
                <th> 金額（元）</th>
                <th> 繳費狀態 </th>
                <th> 金額（元）</th>
                <th> 繳費狀態 </th>
            </tr>
```

```
    </thead>
    <!-- 表格主題 -->
    <tbody style="text-align: center; background-color: #F0F0F0;">
        <tr>
            <td> 冷氣費 </td>
            <td>1,205</td>
            <td style="color:blue"> 已繳費 </td>
            <td>980</td>
            <td style="color:red"> 未繳費 </td>
        </tr>
        <tr>
            <td> 管理費 </td>
            <td>500</td>
            <td style="color:blue"> 已繳費 </td>
            <td>500</td>
            <td style="color:red"> 未繳費 </td>
        </tr>
        <tr>
            <td> 清潔費 </td>
            <td>400</td>
            <td style="color:blue"> 已繳費 </td>
            <td>400</td>
            <td style="color:green"> 未銷帳 </td>
        </tr>
    </tbody>
    <!-- 表格表尾 -->
    <tfoot bgcolor="#D0D0D0">
        <tr>
            <td colspan="5" style="font-size: 12px;">
                註：若有疑問請立即連絡相關負責人，謝謝合作。
            </td>
        </tr>
    </tfoot>
    </table>
</body>
```

5-4-1 跨行屬性、跨列屬性

在 <table> 標籤中，有時會有合併欄位（儲存格）的情形，可在所對應的 <td> 標籤中，用 rowspan 屬性定義合併欄位的行數，colspan 屬性定義合併表格的列數（如範例 5-11），屬性值都是數字。

範例 5-10

```
<table border="1" border="black">
    <tr height="80">
        <td> 行一欄一 </td>
        <td> 行一欄二 </td>
    </tr>
    <tr height="80">
        <td> 行二欄一 </td>
        <td> 行二欄二 </td>
    </tr>
</table>
```

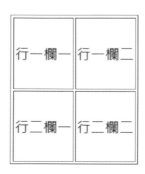

範例 5-11

```
<table border="1" border="black">
        <tr height="80">
            <td colspan="2">行一欄一（跨兩欄）</td>
        </tr>
        <tr height="80">
            <td> 行二欄一 </td>
            <td> 行二欄二 </td>
        </tr>
</table>
```

5-4 顏色名稱對照表

在章節中，當設定表格與文字，我們開始經常會使用到指定顏色。HTML 所支援的顏色名稱（英文）多達 146 種。為了方便讀者容易瞭解與使用，表 5-1 為 HTML 的 16 種基本色系，經常被使用。而表 5-2 則是列出所有延伸色系，總計 146 種，供讀者須指定特定顏色所使用。

表 5-1 基本色系

顏色呈現	英文名稱	中文名稱	RGB
	black	黑色	#000000
	silver	銀色	#C0C0C0
	gray	灰色	#808080
	white	白色	#FFFFFF
	maroon	栗色	#800000

顏色呈現	英文名稱	中文名稱	RGB
	red	紅色	#FF0000
	purple	紫色	#800080
	fuchsia	紫紅色	#FF00FF
	green	綠色	#008000
	lime	酸橙色	#00FF00
	olive	橄欖綠	#808000
	yellow	黃色	#FFFF00
	navy	海軍藍	#000080
	blue	藍色	#0000FF
	teal	藍綠色	#008080
	aqua	水色	#00FFFF

表 5-2　進階色系

顏色呈現	英文名稱	中文名稱	RGB
	aliceblue	愛麗絲藍	#f0f8ff
	antiquewhite	古色白	#faebd7
	aqua	水色	#00ffff
	aquamarine	藍晶	#7fffd4
	azure	天藍色	#f0ffff
	beige	淺褐色	#f5f5dc
	bisque	濃湯色	#ffe4c4
	black	黑色	#000000
	blanchedalmond	白杏仁色	#ffebcd
	blue	藍色	#0000ff
	blueviolet	紫羅蘭色	#8a2be2
	brown	棕色	#a52a2a
	burlywood	伯萊伍德色	#deb887
	cadetblue	學院藍	#5f9ea0
	chartreuse	黃綠色	#7fff00

顏色呈現	英文名稱	中文名稱	RGB
	chocolate	巧克力色	#d2691e
	coral	珊瑚色	#ff7f50
	cornflowerblue	矢車菊藍	#6495ed
	cornsilk	玉米鬚色	#fff8dc
	crimson	赤紅	#dc143c
	cyan	青色	#00ffff
	darkblue	深藍	#00008b
	darkcyan	深青色	#008b8b
	darkgoldenrod	黑金棒色	#b8860b
	darkgray	深灰色	#a9a9a9
	darkgreen	深綠色	#006400
	darkgrey	深灰色	#a9a9a9
	darkkhaki	深卡其色	#bdb76b
	darkmagenta	深洋紅色	#8b008b
	darkolivegreen	暗橄欖綠	#556b2f
	darkorange	深橙色	#ff8c00
	darkorchid	黑蘭花	#9932cc
	darkred	深紅	#8b0000
	darksalmon	黑鮭魚	#e9967a
	darkseagreen	深海綠	#8fbc8f
	darkslateblue	深石板藍	#483d8b
	darkslategray	深石板灰色	#2f4f4f
	darkturquoise	深綠松石色	#00ced1
	darkviolet	暗紫色	#9400d3
	deeppink	深粉色	#ff1493
	deepskyblue	深天藍	#00bfff
	dimgray	暗灰色	#696969
	dimgrey	暗灰色	#696969
	dodgerblue	道奇藍	#1e90ff

顏色呈現	英文名稱	中文名稱	RGB
	firebrick	耐火磚色	#b22222
	floralwhite	花白色	#fffaf0
	forestgreen	森林綠	#228b22
	fuchsia	紫紅色	#ff00ff
	gainsboro	蓋恩斯伯勒色	#dcdcdc
	ghostwhite	幽靈白	#f8f8ff
	gold	金色	#ffd700
	goldenrod	黃花色	#daa520
	gray	灰色	#808080
	green	綠色	#008000
	greenyellow	黃綠色	#adff2f
	grey	灰色	#808080
	honeydew	甘露色	#f0fff0
	hotpink	亮粉色	#ff69b4
	indianred	印度紅	#cd5c5c
	indigo	靛青	#4b0082
	ivory	象牙	#fffff0
	khaki	卡其色	#f0e68c
	lavender	薰衣草	#e6e6fa
	lavenderblush	薰衣草腮紅	#fff0f5
	lawngreen	草坪綠	#7cfc00
	lemonchiffon	檸檬雪紡	#fffacd
	lightblue	淺藍	#add8e6
	lightcoral	珊瑚色	#f08080
	lightcyan	淺青色	#e0ffff
	lightgoldenrodyellow	淺金色黃色	#fafad2
	lightgray	淺灰	#d3d3d3
	lightgreen	淡綠色	#90ee90
	lightgrey	淺灰色	#d3d3d3

顏色呈現	英文名稱	中文名稱	RGB
	lightpink	淺粉色	#ffb6c1
	lightsalmon	淡鮭魚	#ffa07a
	lightseagreen	淺海綠	#20b2aa
	lightskyblue	淺天藍	#87cefa
	lightslategray	淺色灰色	#778899
	lightslategrey	淺灰色	#778899
	lightsteelblue	淺鋼藍色	#b0c4de
	lightyellow	淺黃色	#ffffe0
	lime	酸橙	#00ff00
	limegreen	石灰綠	#32cd32
	linen	亞麻布色	#faf0e6
	magenta	品紅色	#ff00ff
	maroon	栗色	#800000
	mediumaquamarine	中等海藍寶石	#66cdaa
	mediumblue	中藍色	#0000cd
	mediumorchid	中等蘭花	#ba55d3
	mediumpurple	中紫色	#9370db
	mediumseagreen	中海綠	#3cb371
	mediumslateblue	中板藍	#7b68ee
	mediumspringgreen	中春綠	#00fa9a
	mediumturquoise	中綠松石色	#48d1cc
	mediumvioletred	中紫紅色	#c71585
	midnightblue	午夜藍	#191970
	mintcream	薄荷糖	#f5fffa
	mistyrose	迷霧玫瑰	#ffe4e1
	moccasin	鹿皮鞋	#ffe4b5
	navajowhite	納瓦喬白色	#ffdead
	navy	海軍藍	#000080
	oldlace	舊花色	#fdf5e6

顏色呈現	英文名稱	中文名稱	RGB
	olive	橄欖色	#808000
	olivedrab	橄欖草	#6b8e23
	orange	橙色	#ffa500
	orangered	橙紅色	#ff4500
	orchid	蘭花	#da70d6
	palegoldenrod	蒼金棒色	#eee8aa
	palegreen	淡綠色	#98fb98
	paleturquoise	淡綠松石色	#afeeee
	palevioletred	淡紫紅色	#db7093
	papayawhip	木瓜鞭色	#ffefd5
	peachpuff	桃花心	#ffdab9
	peru	秘魯色	#cd853f
	pink	粉色	#ffc0cb
	plum	李子色	#dda0dd
	powderblue	粉藍色	#b0e0e6
	purple	紫色	#800080
	red	紅色	#ff0000
	rosybrown	玫瑰棕	#bc8f8f
	royalblue	寶藍色	#4169e1
	saddlebrown	鞍棕色	#8b4513
	salmon	三文魚色	#fa8072
	sandybrown	桑迪布朗色	#f4a460
	seagreen	海綠色	#2e8b57
	seashell	貝殼色	#fff5ee
	sienna	赭色	#a0522d
	silver	銀色	#c0c0c0
	skyblue	天藍色	#87ceeb
	slateblue	石板藍	#6a5acd
	slategray	石板灰	#708090

顏色呈現	英文名稱	中文名稱	RGB
	slategrey	石板灰	#708090
	snow	雪色	#fffafa
	springgreen	春綠	#00ff7f
	steelblue	鋼藍	#4682b4
	tan	棕褐色	#d2b48c
	teal	藍綠色	#008080
	thistle	薊色	#d8bfd8
	tomato	番茄紅	#ff6347
	turquoise	綠松石	#40e0d0
	violet	紫色	#ee82ee
	wheat	小麥色	#f5deb3
	white	白色	#ffffff
	whitesmoke	白煙色	#f5f5f5
	yellow	黃色	#ffff00
	yellowgreen	黃綠色	#9acd32

6 | 影音多媒體

- HTML 5 支援的影音格式
- 影音與聲音標籤
- 嵌入資源檔案標籤
- 物件標籤
- 腳本標籤
- 插入 CSS 樣式表
- 內嵌框架標籤

6-1　HTML 5 支援的影音格式

HTML 5 支援的常用影音檔案格式如表 6-1，可於網頁中嵌入檔案並撥放。

表 6-1

格式	副檔名	描述
MPEG	.mpg / .mpeg	由 Moving Pictures Expert Group 所開發的影音檔案。
AVI	.avi	由微軟所開發的影音檔案格式。
WMV	.wmv	由微軟所開發的影音檔案格式。
QuickTime	.mov	由 Apple 所開發的影音格式。
RealVideo	.rm / .ram	由 Real Media 所開發的影音串流格式。
Flash	.swf / .flv	由 Macromedia 的互動式多媒體檔案格式。
Mpeg-4	.mp4	同樣由 Moving Pictures Expert Group 所開發的影音格式，支援各瀏覽器與 Youtube。

6-2 影音與聲音標籤

6-2-1 影音標籤

HTML 5 所新增 <video> 標籤，可讓網頁開發者將影音檔案置於網頁中撥放，其屬性描述如下：

- src="url"：影音檔案位置。

- poster="url"：預設檔案撥放的預覽圖片。

- preload="{none, metadata, auto}"：點選網頁時，是否載入影片。

- autoplay（不需屬性值）：自動撥放。

- loop（不需屬性值）：結束後是否重複撥放，不需屬性值。

- muted（不需屬性值）：預設影片撥放是否靜音。

- controls（不需屬性值）：是否有影片的控制面板，包含停止、快轉等按鈕。

- width="n"

- height="n"

範例 6-1 為插入影音檔案，並加入 controls 屬性，讓影音撥放時，會出現影片的控制面板：

範例 6-1

```
<video width="500" controls>
        <source src="picnic.mp4" type="video/mp4">
        你的瀏覽器不支援 video 標籤
</video>
```

倘若加入 poster 屬性，則可設定影片開始播放之前所要顯示的預覽圖片：

範例 6-2

```
<!-- 影片開始之前指定畫面為 sky.png -->
<video width="500" controls  poster="sky.png">
        <source src="picnic.mp4" type="video/mp4">
        你的瀏覽器不支援 video 標籤
</video>
```

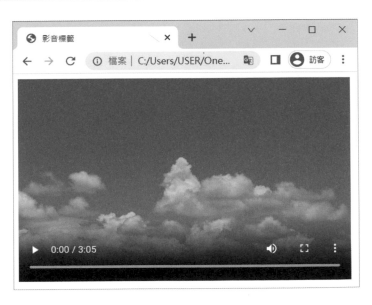

6-2-2 聲音標籤

同樣地，<audio> 標籤為聲音檔案，例如 mp3、wav 格式檔案，其常用屬性如下：

- src="url"：聲音檔案位置。

- preload="{none, metadata, auto}"：點選網頁時，是否載入聲音。

- autoplay（不需屬性值）：自動撥放

- loop（不需屬性值）：結束後是否重複撥放，不需屬性值。

- muted（不需屬性值）：預設影片撥放是否靜音。

- controls（不需屬性值）：是否有影片的控制面板，包含停止、快轉等按鈕。

如範例 6-3：

範例 6-3

```
<audio controls>
    <source  src="sound.wav" type="audio/mpeg">
    你的瀏覽器不支援 video 標籤
</audio>
```

6-3 嵌入資源檔案標籤

<embed> 標籤為嵌入外部檔案資源，其用法比較多元；建議網頁開發者設定
其 type 屬性的檔案格式，再來設定路徑即可以插入相對應的檔案格式，包含
可在網頁插入上述提及的影片、聲音檔案，亦包含嵌入 HTML 檔案、圖片等皆
可以使用 <embed> 標籤。因此，也有人將 <embed> 標籤是視為一種容器
（container）標籤，可放入多元檔案。如範例 6-4：

範例 6-4

```
<embed type="image/jpg" src="sky.png" width="300" height="170">
<embed type="video/mp4" src="picnic.mp4" width="300" height="170">
```

6-4 物件標籤

<object> 標籤的使用方式類似於 <embed> 標籤，同樣可以嵌入影音檔案、
圖片及網頁。若 <object> 是插入網頁，其網頁顯示則類似 <iframe> 標籤的
效果。其常用屬性如下：

● data="url"：指定檔案路徑。

● classid=" 元件編號 "：設定嵌入元件的編號，為一長串的數值，並不容易熟
   記。建議網頁開發者可查詢 <object> 所能對應的軟體元件編號、或是透過
   文字編輯器軟體插入元件。

如範例 6-5：

範例 6-5

```
<h2> 圖片 / 影片 </h2>
<object data="sky.png" width="300" height="170"></object>
<object data="picnic.mp4" width="300" height="170"></object>
<h2> 網頁 </h2>
<object data="http://fjmr.fju.edu.tw/home/home.php" width="600" height="500">
</object>
```

<object> 標籤可以嵌入元件，並在網頁中顯示。範例 6-6 為插入 Adobe PDF
元件。

範例 6-6

```
<object id="Adobe PDF Reader" width="100%" height="50%"
classid="clsid:CA8A9780-280D-11CF-A24D-444553540000" data="test.pdf">
```

6-5　腳本標籤

先前章節曾提及，HTML 中可以插入腳本程式，如 JavaScript 與 VBScript 程式，其語法為 <script></script>，如範例 6-7：

範例 6-7

```
<script type="text/javascript">
    alert( '歡迎使用網頁前端學習手冊' );
</script>
```

6-6　插入 CSS 樣式表

雖然目前尚未學習到 CSS 語法，但若要在網頁中撰寫 CSS 設定，可於 <head></head> 標籤內，加入 <style> 語法設定 CSS 樣式表。如範例 6-8：

範例 6-8

```
<!DOCTYPE html>
<html lang="en">
<head>
    <meta charset="UTF-8">
    <title> 插入 CSS 樣式表 </title>
    <style>
        body{
            background-color: lightblue;
        }
```

```
    h1{
        text-align: center;
        color: white;
        letter-spacing: 3px;
    }
    </style>
</head>
<body>
    <h1> 前端網頁設計 </h1>
</html>
```

6-7 內嵌框架標籤（重要）

<iframe> 標籤是一個十分有趣的標籤，能讓網頁開發者在網頁中嵌入其它網頁。若搭配得宜，網頁版型切割、模組化程式設計都與 <iframe> 標籤的應用有關係。這部分的應用，會於後續章節再介紹。常見屬性如下：

- src="url"：指定檔案路徑。

- name=""：設定 iframe 名稱，可供超連結使用。

- frameborder=""：設定框線。

如範例 6-9、範例 6-10：

範例 6-9

```
<!-- index.html 檔案 -->
<body>
    <table width="100%" border=1 >
        <tr height="60"><td colspan=2><p> 導覽列區塊 </p></td></tr>
        <tr height="400">
            <td width="20%"><p> 功能表區塊 </p></td>
            <td width="78%"><p>iframe 主畫面區塊 </p><br>
                <iframe src="main.html" name="main" width="100%" height="480"
frameborder=0>
            </td>
        </tr>
    </table>
</body>
```

範例 6-10

```
<!-- main.htm 檔案 -->
<body bgcolor="lightblue">
    <h2 style="color: #0080FF;"> 我是主畫面 - main.html（另一個網頁）</h2>
</body>
```

導覽列區塊	
	iframe 主畫面區塊
功能表區塊	我是主畫面 - main.html（另一個網頁）

MEMO ...

7 | 表單

- 表單標籤
- 表單的輸入標籤
- 欄位框線標籤
- 表單提交範例

7-1 表單標籤

<form> 標籤為網頁前端中，讓使用者輸入資料的標籤。<form> 標籤同樣也是一種容器，在 <form></form> 內可以放入其他輸入標籤（即 <input> 標籤）。表單在使用者填答完送出資料後，通常會送到後端做處理，包含資料的運算或資料庫的查詢、新增、修改連結等處理。但目前章節僅限於前端內容，之後陸續介紹表單內的常見標籤。

7-1-1 <form> 標籤屬性

- action=" "：表單在送出後，所執行的程式，有寄信給某信箱或是將資料送出到 url 兩種情況。
  - ✦ action="mailto:??@mail.address"：將資料寄信到某信箱。
  - ✦ action="url"：將資料寄到後端程式。

- method=" "：表單資料傳遞方式，同樣也是有兩種情況。

  ✦ method="get"：使用 url 傳值。

    ■ 在後端網頁程式所接收到的資訊，會在網頁後加入 ?var1=value1&var2 =value2… 等資訊。var1 與 var2 代表是表單內變數，value1 與 value2 代表是使用者所輸入的值。

    ■ 上述 url 中，會以 ? 符號作為傳遞參數的開始，之後傳遞下一個變數 則會以 & 符號做連結。

  ✦ Method="post"：隱藏傳值。

7-1-2 Get 與 Post 傳值方式比較

表 7-1

方式	Get	Post
優點	1. 變數 / 值較容易辨識 2. 後端接值、除錯較方便	安全性較高
缺點	安全性較低	開發者須記住表單的各個變數
適用	非重要性的資訊傳遞，例如觀看第幾則 新聞。新聞編號可以用 get 方式傳遞。	有個資、電子商務交易平台的 輸入介面。

7-2 表單的輸入標籤

7-2-1 送出與重寫按鈕

建立表單後，首先是要有送出按鈕，代表將表單內的資料送出到後端，其語法 為 <input type=submit>，代表為 <input> 輸入標籤，其型態為送出按鈕；若 設定 type 屬性為 reset，則代表要重置按鈕，按下後表單內的資料會恢復原本 的初始狀態。如範例 7-1：

自行輸入網址（此網頁必須在Web伺服器端執行）

競賽組別申請表

專題組名：
電子郵件：UserMail@mail
指導教授：
年級： ○一年級 ○二年級 ●三年級 ○四年級 ○其他

您如何得知此競賽資訊?

☑社群廣告 □校內專員宣傳 □教師推薦 □朋友分享 □其他

請說明參賽作品簡介?

請輸入。

弱勢關懷
科技創新
城鄉差距
偏鄉教育

參賽作品相關主題?（此題可複選）

確定送出 重新輸入

表單填妥後提交

確認網頁

您輸入的資訊如下：

專題組名：翻轉教育

電子郵件：abc@mail

指導教授：王大明

年級：三年級

您如何得知此競賽資訊?

校內專員宣傳 教師推薦

請說明參賽作品簡介?

結合創新科技改善偏鄉教育。

參賽作品相關主題?（此題可複選）

創新科技 城鄉差距 偏鄉教育

範例 7-1

```html
<head>
    <meta charset="UTF-8">
    <title> 按鈕示範 </title>
    <style>
        body{
            text-align: center;
            line-height: 45px;
        }
        .btn_style {
            border-radius: 5px;
            color: white;
            padding: 6px;
            border: none;
            font-weight: 600;
        }
    </style>
</head>

<body>
    <h1> 競賽組別申請表 </h1>
    <form method="post" action="ch7_2.php">
        <input type="submit" class="btn_style" style="background-color: red" value=" 確定送出 ">
        <input type="reset" class="btn_style" style="background-color: green" value=" 重新輸入 ">
    </form>
</body>
```

7-2-2 文字方塊

同樣在 <input> 標籤，當 type＝text，則定義單行的「文字方塊」，允許使用者輸入單行的文字敘述，常用屬性如下：

- size＝" 數字 "：網頁顯示文字方塊的長度，數字越大越寬。

- required（無須指定屬性值）：設定輸入時為必填。

- placeholder＝""：設定文字方塊的顯示資訊，打字後會消失。

- maxlength＝" 數字 "：設定文字方塊最多輸入的字數。

- readonly（無須指定屬性值）：指定文字方塊為唯讀。

如範例 7-2：

範例 7-2

```html
<!DOCTYPE html>
<html lang="en">
<head>
    <meta charset="UTF-8">
    <title>文字方塊</title>
    <style>
        (…部分程式碼省略)
        .text_style {
            border:gray solid 1.5px;
            border-radius: 3px;
            padding: 5px;
        }
        (…部分程式碼省略)
    </style>
</head>
<body>
    <h1>競賽組別申請表</h1>
    <form method="post" action="ch7_2.php">
        專題組名：<input type="text" name="GroupName" size="30" class="text_style"><br>
        電子郵件：<input type="text" name="UserMail" size="30" class="text_style" value="UserMail@mail"><br>
        指導教授：<input type="text" name="ProfessorName" size="30" class="text_style" required ><br>
        (…部分程式碼省略)
```

```
    </form>
</body>
</html>
```

7-2-3 單選選項

同樣在 <input> 標籤，當 type＝radio，則定義輸入標籤為「單選選項」，同一個變數則允許單選的選擇題。當屬性加入 checked，代表預先選擇為該選項。格式如下：

● value=""：傳送到後端的值。

● checked：預選選項。

如範例 7-3：

範例 7-3

```
<form method="post" action="ch7_2.php">
（…部分程式碼省略）
        <span style="font-weight: 600;">年級：</span>
        <input type="radio" name="Grade" value="Grade1">一年級
        <input type="radio" name="Grade" value="Grade2">二年級
        <input type="radio" name="Grade" value="Grade3" checked>三年級
```

```
        <input type="radio" name="Grade" value="Grade4"> 四年級
        <input type="radio" name="Grade" value="Grade5"> 其他
    （…部分程式碼省略）
</form>
```

7-2-4 多選選項

當 <input> 標籤的 type＝checkbox，則定義為多選選項，允許出現複選的值，
如範例 7-4：

範例 7-4

```
<form method="post" action="ch7_2.php">
        （…部分程式碼省略）
        <span style="font-weight: 600;"> 您如何得知此競賽資訊 ?</span><br>
        <input type="checkbox" name="Info[]" value=" 社群廣告 " checked> 社群廣告
        <input type="checkbox" name="Info[]" value=" 校內專員宣傳 "> 校內專員宣傳
        <input type="checkbox" name="Info[]" value=" 教師推薦 " checked> 教師推薦
        <input type="checkbox" name="Info[]" value=" 朋友分享 "> 朋友分享
        <input type="checkbox" name="Info[]" value=" 其他 "> 其他
        （…部分程式碼省略）
</form>
```

7-2-5 多行文字標籤

若 <input type=text> 為單行的輸入文字方塊，則 <textarea> 標籤則為多行文字的輸入內容。值得注意的是，若要放入預設值時，是放在 <textarea></textarea> 之內。格式如下：

```
<textarea name=" 變數名稱 "> 預設值 </textarea>
```

如範例 7-5：

範例 7-5

```
<head>
    <meta charset="UTF-8">
    <title> 多行文字標籤 </title>
    <style>
        (…部分程式碼省略 )
        .text_style {
```

```
            border:gray solid 1.5px;
            border-radius: 3px;
            padding: 5px;
        }
        （…部分程式碼省略）
    </style>
</head>
<body>
    <h1> 競賽組別申請表 </h1>
        <span style="font-weight: 600;"> 請說明參賽作品簡介 ?</span><br>
        <textarea name="Work" cols="45" rows="4" class="textarea_style"> 請輸入
文字 ...</textarea><br>
        （…部分程式碼省略）
    </form>
</body>
```

7-2-6 下拉式選項

在 <form> 表單標籤中，下拉式選項 <select> 是常見的輸入標籤，通常用於單選選項。同樣是單選的輸入，與 <input type=radio> 不同之處，radio 型態多半用於文字較少或選項較少的情況，例如：男與女；而 <select> 則是用於文字較多、選項較複雜的情況。雖說如此，<select> 標籤也可用於複選，但不推薦使用。常用屬性如下：

● <select> 標籤屬性

  ✦ Name=""：變數名稱。

  ✦ Multiple：允許複選。

● <option> 選項標籤

  ✦ <option> 標籤是放置於 <select></select> 之內。

  ✦ <option value="傳送值"> 網頁顯示選項 </option>。

  ✦ Selected：代表預選選項。

● <optgroup> 選項群組

  ✦ <optgroup> 標籤是放置於 <select></select> 之內，但本身無法被使用者所選擇，僅是在下拉式選單內顯示。

  ✦ label=""：顯示群組名稱。

如範例 7-6：

範例 7-6

```
<span style="font-weight: 600;"> 參賽作品相關主題？( 此題可複選 )</span>
    (…部分程式碼省略 )
    <select name="Type[]" size="4" multiple>
        <option value=" 弱勢關懷 "> 弱勢關懷 </option>
        <option value=" 創新科技 "> 科技創新 </option>
        <option value=" 城鄉差距 "> 城鄉差距 </option>
        <option value=" 偏鄉教育 "> 偏鄉教育 </option>
    </select>
    (…部分程式碼省略 )
```

7-2-7 密碼型態

<input> 標籤中，當 type＝password 時，其型態仍為文字方塊，但網頁顯示則是為密碼符號，避免資訊外洩。如範例 7-7：

範例 7-7

```
<body>
    <h1> 登入 </h1>
    <form>
        帳號：<input class="text_style" type="text" name="User_account"
size="15"><br>
```

```
        密碼：<input class="text_style" type="password" name="User_password"
size="15">
        <br>
        <input type="submit" class="btn_style" style="background-color: red"
value=" 確定送出 ">
        <input type="reset" class="btn_style" style="background-color: green"
value=" 重新輸入 ">
    </form>
</body>
```

7-2-8 隱藏型態

若設定 <input type=hidden>，則定義該輸入變數為隱藏型態，在網頁表單中
不會顯示，但其變數的值（value）仍會傳送到後端，如範例 7-8：

範例 7-8

```
<input type="hidden" name="stage" value="step3">
```

7-2-9 檔案欄位

若鍵入 <input type=file> 時，則設定可上傳檔案。由於檔案上傳的傳輸格式並非
原有的萬用字元 UTF-8 格式，而是以二進制方式傳輸。因此必須注意下列幾點：

- ＜form＞ 標籤屬性必須加入編碼方式，enctype="multipart/form-data"。

- accept=". 副檔名 "：設定僅接受的副檔名的檔案。

如範例 7-9：

範例 7-9

```
<form method="post" action="next.php" enctype="multipart/form-data">
        <input type="file" name="uploadfile">
        <input type="submit" class="btn_style" style="background-color: red"
value=" 上傳 ">
        <input type="reset" class="btn_style" style="background-color: green"
value=" 重新上傳 ">
    </form>
```

7-2-10 郵件信箱類型

為了方便網頁開發者設計，HTML 5 也新增了一些輸入類型。例如，過去開發者在輸入 Email 信箱，大多還是使用文字方塊（type=text），並自行撰寫 JavaScript 或是由後端來判斷 Email 格式是否正確。但新增的類型可以幫助開發者省下許多判斷的時間，若設定 <input type=email>，現今 HTML 語法則會在前端幫助判斷，其使用者所輸入的資料是否吻合 Email 格式。如範例 7-10：

範例 7-10

```
<h1> 電子郵件 </h1>
    <form>
        請輸入電子郵件：<input type="email"><br>
        <input type="submit" class="btn_style"  value=" 提交 ">
</form>
```

7-2-11 網址類型

同樣地，新增的 type＝url 類型，也會幫助開發者審核其使用者所輸入的資料是否為合法的網址格式，如範例 7-11：

範例 7-11

```
<h1> 網址 </h1>
    <form>
        請輸入電子網址：<input type="url" name="urllink">
        <input type="submit" class="btn_style" value=" 提交 ">
</form>
```

7-2-12 數字類型

HTML 5 也新增了 <input type=number> 的類型，讓網頁顯示時，輸入格右方會多出上下兩個按鈕，即往上或往下增加數字。同時，也幫助網頁開發者避免使用者輸入非數字的資料。相關屬性如下：

- step="整數"：每次增加或減少的數字。

- min="整數"：最小值。

- max="整數"：最大值。

- value="整數"：預設值。

標籤的 type 屬性指定為 "number"，如範例 7-12：

範例 7-12

```
<h1> 數字 </h1>
<form>
        請輸入數字：<input type="number" min="0" max="12" step="3"><br>
        <input type="submit" class="btn_style" value=" 提交 ">
</form>
```

7-2-13 範圍類型

與 type=number 相似，<input type=range> 類型也是讓使用者填入數值，但不同之處在於 range 不是用填的，而是可以用滑鼠拖曳。由於 range 在網頁上無法顯示真實數值，因此不建議網頁開發者設定太寬的變數範圍。如果真需要使用，建議可以搭配 <output> 標籤與 JavaScript，顯示使用者目前拖曳的數值。如範例 7-13：

範例 7-13

```
<h1> 範圍 </h1>
    <form>
        分數：<input type="range" name="grade" min=0 max=100  onchange="rangetxt.
value=grade.value"> <output name=rangetxt></output><br>
        <input type="submit" class="btn_style" value=" 提交 ">
    </form>
```

7-2-14 輸出標籤

如範例 7-13 所提，輸出 為一種標示標籤，用來標示網頁中輸出區塊。在範例 7-14 中，是搭配 JavaScript 程式，當數字標籤 x 或 y 有輸入變動時，則即時顯示輸出結果。

範例 7-14

```
<h1> 範圍 </h1>
<form>
   <input type="number" name="x" value=0 onchange="sum.value=x.valueAsNumber+y.
valueAsNumber">
   +
   <input type="number" name="y" value=0 onchange="sum.value=x.valueAsNumber+y.
valueAsNumber">=<output name="sum"></output>
 </form>
```

7-2-15 color 類型

若想要求使用者透過類似調色盤的介面輸入色彩，可設定 <input type="color">，傳送值將為十六進制的 RGB 顏色，如 #000000 代表黑色。如範例 7-15：

範例 7-15

```
<h1> 顏色 </h1>
    <form>
        顏色：<input type="color">
        <input type="submit" class="btn_style" value=" 提交 ">
</form>
```

7-2-16 日期相關類型

為了方便使用者輸入正確的日期格式，HTML 也具備相關的日期類型，包含 date（日期）、time（日期與時間）、month（月份）、week（週次）等類型，只要在 <input> 標籤的 type 屬性指定上述的值即可。

範例 7-16

```
<input type="date">
```

範例 7-17

```
<input type="time">
```

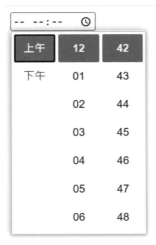

範例 7-18

```
<input type="datetime-local">
```

範例 7-19

```
<input type="month">
```

範例 7-20

```
<input type="week">
```

7-2-17 進度標籤

<progress> 標籤是用來顯示近執行進度的標籤，其屬性如下：

- value=" 數值 "：目前進度值。

- max=" 數值 "：進度標籤最大值。

如範例 7-21：

範例 7-21

```
下載進度：<progress id="prog" value="20" max="100">20%</progress>
```

下載進度：

7-2-18 文字標籤

撰寫網頁時，我們通常是直接填寫文字來顯示。但若想標示文字區塊，HTML 5 則建議可以使用 <label> 標籤，標示這些文字，並方便設定 CSS 做文字風格的設定。如範例 7-22：

範例 7-22

```html
<head>
    <meta charset="UTF-8">
    <title> 文字標籤 </title>
    <style>
      （…部分程式碼省略）
        label {
            color:   #0066CC;
            font-size: 18px;
            font-weight: 900;
            font-family: " 標楷體 ";
        }
 （…部分程式碼省略）
    </style>
</head>
<body>
    <form>
        <h1> 聯絡資訊 </h1>
        <label> 姓名：</label>
        <input type=text name="name"><br>
        <label> 電話：</label>
        <input type=text name="phone"><br>
        <input type="submit" class="btn_style" value=" 提交 ">
    </form>
</body>
</html>
```

7-3 欄位框線標籤

在表單設計中，若輸入標籤過多、選項過多，容易造成畫面的外觀混亂無序。因此建議初學者可以搭配第五章所提的 <table> 表格標籤，放置於 <form></form> 之內，按照表格的行 <tr>、欄位 <td> 去顯示文字及輸入選項。

若是不用表格標籤，也可以透過欄位框線來整理這些輸入標籤。<fieldset> 標籤是指欄位集，意思是把表單中的各個欄位（輸入選項）做成集合，統一標示；並搭配 <legend> 標籤，顯示這欄位集的名稱。使用 <fieldset> 與 <legend> 標籤後，這些輸入標籤的外圍，則會被框線所標示。如範例 7-23：

範例 7-23

```
<form method="post" action="ch7_2.php">
        <div style="text-align: center;">
            <fieldset>
                <legend> 基本資料 </legend>
                <label> 專題組名：</label><input type="text" name="GroupName"
size="35" class="text_style"><br>
            （…部分程式碼省略）
            </fieldset>
            <fieldset>
                <legend> 其他相關資訊 </legend>
```

```
                    <label>您如何得知此競賽資訊 ?</label>
                    (…部分程式碼省略)
            </fieldset>
                    (…部分程式碼省略)
        </div>
</form>
```

7-4 表單提交範例

本章節中，上述的範例並沒有搭配後端程式，僅有前端的網頁語言與範例。由於讀者可能尚未接觸到後端程式，因此缺乏對表單提交後的想像。因此，這裡做出兩種提交範例供參考。

範例 7-24 是 test.html 檔案，其表單是以 get 方式來提交，表單送出後，仍是執行自身檔案 test.html。提交後的結果如下圖，url 會是呈現 ?name=Tom&phone= 02-1234-5678，格式如先前內容所提。

範例 7-24

```
<form method="get" action="test.html">
        <h1> 聯絡資訊 </h1>
        <label> 姓名：</label>
        <input type=text name="name"><br>
        <label> 電話：</label>
        <input type=text name="phone"><br>
        <input type="submit" class="btn_style" value=" 提交 ">
</form>
```

/test.html?name=Tom&phone=02-1234-5678

範例 7-25 為筆電使用意見調查，是以 post 方式來提交，並以後端程式（ch7_2. php）來做接值。其後端程式顯示接值的結果，如範例 7-26 所示：

範例 7-25

```
<form method="post" action="ch7_2.php">
```

範例 7-26

```php
<body>
    <?php
        $GroupName = $_POST["GroupName"];
        $UserMail = $_POST["UserMail"];
        $ProfessorName = $_POST["ProfessorName"];
        switch($_POST["Grade"]){
            case "Grade1":
                $Grade = " 一年級 ";
                break;
            case "Grade2":
                $Grade = " 二年級 ";
                break;
            case "Grade3":
                $Grade = " 三年級 ";
                break;
            case "Grade4":
                $Grade = " 四年級 ";
                break;
            case "Grade5":
                $Grade = " 其他 ";
        }
        $Info = $_POST["Info"];
        $Work = $_POST["Work"];
        $Type = $_POST["Type"];
    ?>
    <div class="formStyle">
        <h1> 您輸入的資訊如下：</h1>
            <span style="font-weight: 600;"> 專題組名：</span><?php echo
$GroupName ?><br>
            <span style="font-weight: 600;"> 電子郵件：</span><?php echo
$UserMail ?><br>
            <span style="font-weight: 600;"> 指導教授：</span><?php echo
$ProfessorName ?><br>
            <span style="font-weight: 600;"> 年級：</span>
            <?php echo $Grade ?>
```

```
            <br>
            <span style="font-weight: 600;">您如何得知此競賽資訊 ?</span>
            <br>
            <?php foreach($Info as $Value) echo $Value.'  ' ; ?>
            <br>
            <span style="font-weight: 600;">請說明參賽作品簡介 ?</span><br>
            <?php echo $Work ?>
            <br>
            <span style="font-weight: 600;">參賽作品相關主題 ?（此題可複選）
</span><br>
            <?php foreach($Type as $Value) echo $Value.'  ' ; ?>
    </div>
</body>
```

8 | CSS 語法

- CSS 簡介與沿革
- CSS 樣式規則與選擇器
- CSS 四種寫法
- CSS 選擇器宣告方式

8-1　CSS 簡介與沿革

CSS 階層式樣式表，主要用於指派樣式來設計網頁的外觀，包含字型大小、邊界、顏色等多種屬性。網頁在套用 CSS 後，可方便地改變外觀樣式。CSS 所支援的屬性，也會隨著版本做調整，最新的 CSS 模組消息也會在 https://www.w3.org/ 中公佈。

Ordered from most to least stable:				
Completed	**Current**	**Upcoming**	**Notes**	
CSS Snapshot 2021	NOTE			
CSS Snapshot 2020	NOTE			
CSS Snapshot 2018	NOTE			
CSS Snapshot 2017	NOTE			
CSS Snapshot 2015	NOTE			
CSS Snapshot 2010	NOTE			
CSS Snapshot 2007	NOTE			
CSS Color Level 3	REC	REC		
CSS Namespaces	REC	REC		
Selectors Level 3	REC	REC		
CSS Level 2 Revision 1	REC	REC	See Errata	
Media Queries	REC	REC		
CSS Style Attributes	REC	REC		
CSS Cascading and Inheritance Level 3	REC	REC		
CSS Fonts Level 3	REC	REC		
CSS Writing Modes Level 3	REC	REC		
CSS Basic User Interface Level 3	REC	REC		
CSS Containment Level 1	REC	REC		

8-2 CSS 樣式規則與選擇器

CSS 樣式表是由一條一條的樣式規則（style rule）所組成，而樣式規則包含選擇器（selector）與宣告（declaration）兩個部分：

> 選擇器 ｛ 屬性 1 ： 值 1 [； 屬性 2 ： 值 2 [； …]] ｝

如範例 8-1：

範例 8-1

```html
<head>
    <meta charset="UTF-8">
    <title> 示範 css 樣式規則 </title>
    <style>
        h1{
            color: #0080FF;
            font-family: 新細明體 ;
            letter-spacing: 5px;
        }
    </style>
</head>
<body>
    <h1> 網頁程式設計 </h1>
</body>
```

8-3　CSS 四種寫法

8-3-1　<style> 標籤嵌入樣式表

在 <head> 標籤裡面使用 <style> 標籤嵌入樣式表，可設計字體顏色與背景顏色，並**套用於該網頁**。如範例 8-2：

```
body { color : white ; background : lightblue }
```

範例 8-2

```
<head>
    <meta charset="UTF-8">
    <title> 示範 CSS 樣式表 </title>
    <style>
        Body {
            color: white;
            background-color: lightblue;
            text-align: center;
            letter-spacing: 5px;
        }
    </style>
</head>
<body>
    <h1> 網頁程式設計 </h1>
</body>
```

8-3-2 使用 style 屬性寫於特定標籤內

第二種寫法是寫在特定的標籤內，僅套用於該標籤的樣式。該寫法是在該標籤內使用 style 屬性，語法為 `style="屬性：值；{屬性：值…}"`。範例 8-2 可以改寫成範例 8-3：

範例 8-3

```
<!DOCTYPE html>
<html lang="en">
<head>
    <meta charset="UTF-8">
    <title> 示範 CSS 樣式表 </title>
</head>
<body>
    <h1 style="color: white; background-color: lightblue; text-align: center;
letter-spacing: 5px;"> 網頁程式設計 </h1>
</body>
</html>
```

8-3-3 使用 @import 匯入 CSS 檔案

第三種寫法是先將 CSS 語法寫完後存檔，再透過 <style> 內的 @import 語法匯入該檔案，此種寫法是當網站存有許多 CSS 檔案或樣板時，**可匯入某 CSS 檔，即可套用版型於該 HTML 文件**，方便立即匯入立即修正版型。如範例 8-5，是先將 CSS 語法另外儲存為 body.css（範例 8-4），存於相對路徑中（與網頁同一個資料夾路徑）。

範例 8-4

```
/* 將 CSS 設定儲存在純文字檔 */
body{
        color: white;
        background-color: lightblue;
}
```

範例 8-5

```
<!DOCTYPE html>
<html lang="en">
<head>
    <meta charset="UTF-8">
    <title> 示範 CSS 樣式表 </title>
    <style>
        @import url("body.css");
    </style>
</head>
<body>
    <h1> 網頁程式設計 </h1>
</body>
</html>
```

8-3-4 使用 Link 標籤連結 CSS 檔案

第四種寫法與第三種相似，同樣是先將 CSS 語法寫完後存檔，再透過 HTML 文件中 <Link> 語法連結該檔案，優點是**可套用於有連結 CSS 檔的多個 HTML 文件**，不用每個 HTML 檔都重寫 CSS 語法。範例 8-6 中，是先將 CSS 語法另外儲存為 body.css，存於相對路徑中（與網頁同一個資料夾路徑）。

範例 8-6

```
<!DOCTYPE html>
<html lang="en">
<head>
    <meta charset="UTF-8">
    <title> 示範 CSS 樣式表 </title>
    <link rel="stylesheet" href="body.css" type="text/css">
</head>
<body>
    <h1> 網頁程式設計 </h1>
</body>
</html>
```

8-4 CSS 選擇器宣告方式

在 CSS 規則中,每一條陳述語法都是以一個選擇器(selector)開頭,它是套用這條規則語法的變數或類別。CSS 選擇器的宣告寫法不同,其引用方式亦不同。本書建議初學者先熟悉前三種宣告方式,較常被拿來使用;若有餘力,再熟悉其他宣告方式。

8-4-1 使用既有標籤(稱為類型選擇器)

- 使用 **HTML 既有標籤**

- 可**直接引用**該 CSS 樣式

第一種選擇器的宣告方式,乃採用原 HTML 就存在的標籤,例如 <h1>、<p> 等標籤,透過 CSS 規則將這些標籤的風格做修正。例如:`h1 { font-family: "標楷體" ; font-size: 40px; color: lightblue }`,是將 <h1> 的字型設為標楷體、大小設為 40 pixel,顏色改為淺藍色。

> **補充**　使用兩個以上的既有標籤(稱後代選擇器)
>
> 同宣告 1,但使用兩個標籤時,代表這些規則會隨著標籤順序做風格改變。如範例 8-7,<h1> 的文字會是藍色,而 <i> 內的文字會呈現綠色;但若是 <h1>..<i> 內的文字,則會是紫色的風格。

範例 8-7

```
/* 順序 1:類型選擇器 h1 */
h1 { color: lightblue }
/* 順序 2:類型選擇器 i */
i { color: lightgreen }
/* 順序 3:類型選擇器 h1、i */
h1 i { color: purple; }
```

8-4-2 使用句號命名（稱為類別選擇器）

- 使用 .（句號）加上自訂名稱來命名

- 在 HTML 標籤中，以 **class** 做引用

第二種常見的宣告方式，是使用句號加上自訂名稱作為選擇器，例如 .abc 或 .content，然而在 HTML 文件中，若標籤內屬性使用 class="abc" 即可引用該風格。如範例 8-8：

```
. 類別選擇器　{　屬性1 ： 值1 [ ; 屬性 2 ： 值 2 [ ; … ] ] }
```

範例 8-8

```
<!DOCTYPE html>
<html lang="en">
<head>
    <meta charset="UTF-8">
    <title> 類別選擇器 </title>
    <style>
        .title{
            font-family: " 標楷體 ";
            font-size: 25px;
            color: #0080FF;
            font-weight: 800;
        }
        .content{
            font-family: " 華康粗黑體 ";
            font-size: 18px;
            color: purple;
            letter-spacing: 3px;
            font-weight: 600;
        }
    </style>
</head>
<body>
    <h1> 永世不朽的日本漫畫 </h1>
    <p class="title">《灌籃高手》</p>
    <p class="content"> 籃球漫畫以不良少年櫻木花道的挑戰和成長為中心。</p>
    <p class="title">《進擊的巨人》</p>
    <p class="content"> 故事建立在人類與巨人的衝突上，人類居住在由高牆包圍的城市，
對抗會食人的巨人。</p>
</body>
</html>
```

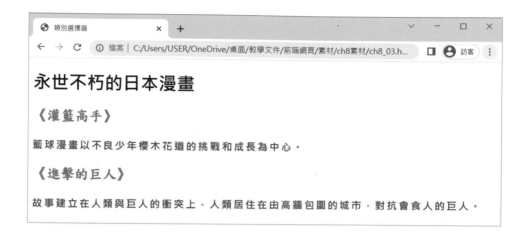

8-4-3 使用 # 命名（稱為 ID 選擇器）

- 使用 **#（hash tag）**符號加上自訂名稱來命名

- 在 HTML 標籤中，以 **id 做引用**

第三種常見的宣告方式，是以 # 符號加上自訂名稱作為選擇器，例如 #abc 或 .title1，然而在 HTML 文件中，若標籤內屬性使用 id="abc" 即可引用該風格。如範例 8-9：

```
# ID 選擇器  { 屬性 1  :  值 1 [  ;  屬性 2  :  值 2 [  ;  … ] ] }
```

範例 8-9

```
<!DOCTYPE html>
<html lang="en">
<head>
    <meta charset="UTF-8">
    <title>ID 選擇器 </title>
    <style>
        #title1{
            text-align: center;
            color: white;
            letter-spacing: 5px;
            background-color: lightblue;
        }
```

```
        #title2{
            text-align: center;
            color:   #2894FF;
        }
    </style>
</head>
<body>
    <h1 id="title1"> 網頁程式設計 </h1>
    <h1 id="title2"> 網頁程式設計 </h1>
</body>
</html>
```

8-4-4 進階：使用 [] 條件（稱為屬性選擇器）

● 使用 **[] 條件** 做篩選

● 有 **符合篩選條件** 的標籤則引用風格

除了上述常見的宣告方式外，CSS 亦提供了 [] 符號，在括號內寫入文字條件，符合該文字敘述則代表符合其篩選條件。舉例來説，a[alt]，代表超連結 <a> 標籤中，若有 出現 alt 文字，則代表符合條件，如：`<a alt=" 連結説明 ">`。如範例 8-10，[class] 條件代表 HTML 內有註明 class 的標籤，皆符合篩選條件的對象，並將顏色改為藍色。

範例 8-10

```
<!DOCTYPE html>
<html lang="en">
<head>
    <meta charset="UTF-8">
    <title> 屬性選擇器 </title>
    <style>
        [class] {color: #46A3FF; font-weight: 600; font-size: 30px;}
    </style>
</head>
<body>
    <ul>
        <li class="comics1">《灌籃高手》</li>
        <li class="comics2">《排球少年》</li>
        <li class="comics3">《鬼滅之刃》</li>
    </ul>
</body>
</html>
```

8-4-5 進階：使用 * 條件（稱為萬用選擇器）

所有標籤皆符合條件，以範例 8-11 為例，所有標籤對內間距（padding）、對外間距（margin）皆設為 1 pixel。

範例 8-11

```
* { padding: 1px; margin: 1px}
```

補充　符號加上特定語法（稱虛擬類別選擇器）

這是比較特殊的選擇器語法，它是依據該類別選擇器目前的狀態，來顯示其 CSS 樣式。目前常用狀態的特定語法包含：

- :link – 狀態為未訪問過的連結
- :visited – 狀態為已訪問過的連結
- :hover – 狀態為滑鼠游標停在該標籤上
- :focus – 狀態為鍵盤或滑鼠正作用於該標籤
- :active – 狀態為正點擊於該標籤

如範例 8-12 表示 <a> 在不同狀態下，各有設定其對應的 CSS。例如，滑鼠移至超連結，會顯示為藍色，而造訪過的標籤會顯示綠色。

範例 8-12

```html
<!DOCTYPE html>
<html lang="en">
<head>
    <meta charset="UTF-8">
    <title>虛擬類別選擇器</title>
    <style>
        a:link      {color: purple;}
        a:visited   {color: green;}
        a:hover     {color: blue;}
        a:focus     {color: red;}
        a:active    {color: orange;}
    </style>
</head>
<body>
    <ul>
        <li><a href="comics1.html">《灌籃高手》</a></li>
        <li><a href="comics2.html">《排球少年》</a></li>
        <li><a href="comics3.html">《鬼滅之刃》</a></li>
        <li><a href="comics4.html">《進擊的巨人》</a></li>
    </ul>
</body>
</html>
```

9 字型、文字 與清單屬性

- 字型屬性
- 文字屬性
- 項目清單屬性

9-1 字型屬性

9-1-1 **font-family**

在 CSS 設定中，font-family 屬性為設定字型字體，可以同時設定多組以上的字型，若超過兩個，中間可用**逗號（,）**隔開。當使用者在瀏覽器沒有第一種字型時，則會顯示第二種字型，以此類推。如範例 9-1：

範例 9-1

```html
<!DOCTYPE html>
<html lang="en">
<head>
    <meta charset="UTF-8">
    <title> 示範文字斜體 </title>
    <style>
        p {
            font-family: " 標楷體 ", " 新細明體 ";
        }
    </style>
</head>
<body>
```

```
  <h1>《進擊的巨人》故事大綱 </h1>
  <p> 故事建立在人類與巨人的衝突上，人類居住在由高牆包圍的城市，對抗會食人的巨人。</p>
</body>
</html>
```

9-1-2 **font-size**

font size 的功能是用來設計網頁文字大小，如範例 9-2：

範例 9-2

```
<body>
    <p style="font-size: xx-small"> 網頁前端設計 </p>
    <p style="font-size: x-small"> 網頁前端設計 </p>
    <p style="font-size: small"> 網頁前端設計 </p>
    <p style="font-size: medium"> 網頁前端設計 </p>
    <p style="font-size: large"> 網頁前端設計 </p>
    <p style="font-size: x-large"> 網頁前端設計 </p>
    <p style="font-size: xx-large"> 網頁前端設計 </p>
    <p style="font-size: 15px"> 網頁前端設計 </p>
    <p style="font-size: 15pt"> 網頁前端設計 </p>
    <p style="font-size: 1cm"> 網頁前端設計 </p>
</body>
```

9-1-3 **font-size-adjust**

font-size-adjust 屬性可使網頁中字型長寬比調整為相同比例。例如，若網頁字體較大時，則字型的尺寸就會被調小，讓使用者容易閱讀。以範例 9-3 為例，若將 font-size-adjust 設為 0.6，則將所有在 <span></span> 標籤內的字型長寬比為 0.6。值得注意的是，目前該屬性逐漸被棄用，僅剩 Firefox 瀏覽器支援。

範例 9-3

```
span {
  font-size-adjust: 0.6;
}
```

9-1-4 **font-style**

font-style 屬性很單純，用來設計字型的是否為斜體的樣式。正常字型的屬性值為 normal、斜體則設為 italic 或 oblique。如範例 9-4：

範例 9-4

```
<!DOCTYPE html>
<html lang="en">
<head>
    <meta charset="UTF-8">
    <title> 示範文字斜體 </title>
    <style>
        p {
            font-style: italic;
        }
    </style>
</head>
<body>
    <h1>《進擊的巨人》故事大綱 </h1>
    <p> 故事建立在人類與巨人的衝突上，人類居住在由高牆包圍的城市，對抗會食人的巨人。</p>
</body>
</html>
```

9-1-5 **font-weight**

font-weight 屬性為設定字型的粗細或數字，其格式為 font-weight: 數字或文字。
而對應數字或屬性值有 100 – Thin、200 – Extra Light（Ultra Light）、300 – Light、
400 – Normal、500 – Medium、600 – Semi Bold（Demi Bold）、700 – Bold、
800 – Extra Bold（Ultra Bold）、900 – Black（Heavy）。低於 100 或高於 900 的
數值，就會被忽略。如範例 9-5：

範例 9-5

```
<body>
    <h2>網頁前端設計（預設）</h2>
    <h2 style="font-weight: 500">網頁前端設計（500，medium）</h2>
    <h2 style="font-weight: 100">網頁前端設計（100，數值下限）</h2>
    <h2 style="font-weight: 50">網頁前端設計（50，被忽略，效果同數值下限 100）</h2>
    <h2 style="font-weight: 900">網頁前端設計（900，數值上限）</h2>
    <h2 style="font-weight: 1000">網頁前端設計（1000，被忽略，效果同數值上限 900）</h2>
    <h2 style="font-weight: normal">網頁前端設計（normal）</h2>
    <h2 style="font-weight: bold">網頁前端設計（bold）</h2>
</body>
```

9-1-6 **font-stretch**

font-stretch 屬性是設定字型變得更窄或更寬比例，其屬性值從最窄到最寬包含 ultra-condensed、extra-condensed、condensed、semi-condensed、normal、semi-expanded、expanded、extra-expanded、ultra-expanded。如範例 9-6：

範例 9-6

```
h2
  {
    font-stretch: extra-condensed;
  }
```

9-1-7 **font-variant**

font-variant 屬性是設定字型變化，其屬性值為 normal 與 small-caps 兩種。若為 small-caps 時，其英文字型的小寫字會被轉為大寫字、但尺寸偏小的藝術字體。如範例 9-7：

範例 9-7

```
<!DOCTYPE html>
<html lang="en">
<head>
    <meta charset="UTF-8">
    <meta http-equiv="X-UA-Compatible" content="IE=edge">
    <meta name="viewport" content="width=device-width, initial-scale=1.0">
    <title> 設定字型變化 </title>
    <style>
        .normal {
          font-variant: normal;
        }
        .small {
          font-variant: small-caps;
        }
    </style>
</head>
<body>
    <h2 class="normal">I' m a university student.</h2>
    <h2 class="small">I' m a university student.</h2>
</body>
</html>
```

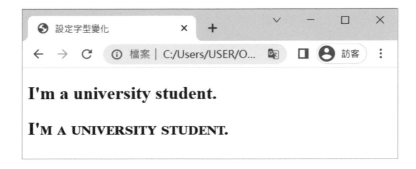

9-1-8 @font-face（使用伺服器端的字型）

當網頁中有特定字型，但擔心使用者並無該字型，會影響其網頁瀏覽體驗時，可以使用 @font-face 語法。font-family: **MyFont** 是定義字型名稱，可自行命名；src 則是指向該字型所下載的 url。如範例 9-8：

範例 9-8

```
@font-face {
  font-family: MyFont;
  src: url(/font/myfont.ttf);
}
```

9-1-9 font（速記表示）

上述的字型屬性有多種，若網頁開發者已熟悉相關屬性，並不想逐條設定字型屬性，可以利用 font 進階或速記（shorthand）的表示方法，其包含字型屬性中最常用的 font-style、font-variant、font-weight、font-size、font-family。其屬性值可為**複值**，中間以**空格（space）**隔開；若設定的 font-family 超過兩個，中間可用逗號隔開。說明如下：

● 格式為 font: value1 value2 value3…

　✦ 範例 1 — .example1 { font: 14px italic " 標楷體 ";}：其字型對應 font-size 為 14px，font-style 為 italic（斜體），font-family 為標楷體。

✦ 範例 2 — .example2 { font: 15px Arial, sans-serif; }：其字型對應 font-size 為 15px，font-family 為兩個，先顯示 Arial 字體，若無則顯示 sans-serif 字體。

✦ 若字體名稱含有空白，建議用雙引號 " " 夾住字體名稱，避免發生錯誤。例如，{font: "Time News Roman";}。

9-1-10 **color**

color 屬性並不專屬於字型，而是所有標籤內的字型或文字皆適用。color 屬性值與 HTML 語法所設定方式相近，同樣也可以使用顏色或 RGB 表示法來代表。如範例 9-9，將網頁的文字設定紅色、h1 的文字設定為 #0000FF（藍色）。

範例 9-9

```
body {
   color: red;
}
h1 {
   color: #0000FF;
}
```

9-2 文字屬性

9-2-1 **text-align**

在 CSS 設定中，對於文字的呈現效果，會使用到文字屬性。首先，text-align 屬性是文章文字的水平對齊方式，與 HTML 語法概念相近，同樣可設定 left 靠左對齊，center 置中、right 靠右對齊。如範例 9-10：

範例 9-10

```
<body>
   <p style="text-align: left;">前端網頁設計（靠左對齊）</p>
   <p style="text-align: right;">前端網頁設計（靠右對齊）</p>
   <p style="text-align: center;">前端網頁設計（置中）</p>
</body>
```

9-2-2 **text-indent**

text-indent 屬性能設定第一行的文字會向內縮排，類似於 HTML 的 <blockquote> 語法。但 text-indent 屬性只針對該段落**第一行文字**縮排，而 <blockquote> 標籤則是**整個段落**會縮排。如範例 9-11：

範例 9-11

```
<body>
    <h1>《航海王》</h1>
    <p style="text-indent: 1cm;"> 作品以虛構的「大海賊時代」為故事舞台，描述主角魯
夫想為「海賊王」，為夢想而出海向「偉大的航道」航行的海洋冒險故事。</p>
</body>
```

9-2-3 **letter-spacing**

letter-spacing 屬性是設定英文字母跟字母間的間距,其屬性值可為整數與不同的計量單位(如 cm 或 em)。如範例 9-12:

範例 9-12

```
<body>
    <p style="letter-spacing: normal;">Have a nice day！</p>
    <p style="letter-spacing: 5px;">Have a nice day！</p>
    <p style="letter-spacing: 0.3cm;">Have a nice day！</p>
</body>
```

9-2-4 **word-spacing(文字間距)**

類似地,word-spacing 屬性是指英文字跟字(word)間的間距,其屬性值可為整數與不同的計量單位(如 cm 或 em)。如範例 9-13:

範例 9-13

```
<body>
    <p style="word-spacing: normal;">Have a nice day！</p>
    <p style="word-spacing: 5px;">Have a nice day！</p>
    <p style="word-spacing: 0.3cm;">Have a nice day！</p>
</body>
```

9-2-5 **text-transform**

text-transform 屬性可設定文字的大小寫變換，其屬性值包含 (1) none - 無轉換（預設值）；(2) capitalize - 英文字第一個字母大寫；(3) uppercase – 每個英文字母轉大寫；(4) lowercase – 每個英文字母轉小寫。若 text-transform 屬性使用得宜，可在網頁前端就要求使用者輸入正確的格式，避免後端程式再多做資料正確性的判斷。例如，要求使用者輸入身份證字號，第一個字母要求大寫，即可設定 <input type="text" name="idnum" style="text-transform: uppercase;">，其輸入的資料將強迫轉大寫。

範例 9-14

```
<body>
    <p style="text-transform: none;">Have a nice day！</p>
    <p style="text-transform: capitalize;">Have a nice day！</p>
    <p style="text-transform: uppercase;">Have a nice day！</p>
    <p style="text-transform: lowercase;">Have a nice day！</p>
</body>
```

9-2-6 **white-space**

white-space 屬性為設定文字之間的空白處理方式，其常用的屬性值包含 (1) normal – 預設值；(2) nowrap – 不換行，直到有
 標籤才換行；(3) pre – 保留空白，類似於 HTML 的 <pre> 預留格式標籤，能夠保留空白與換行鍵。如範例 9-15：

範例 9-15

```
<body>
    <p style="white-space: pre;">
    void main()
    {
        printf("Have a nice day！\n")
    }
    </p>
</body>
```

9-2-7 **text-shadow**

text-shadow 屬性是設計文字上的陰影特效，其格式如下，例子如範例 9-16：

● 格式為 text-shadow: 參數 1 參數 2 參數 3

　　✦ 參數 1 為 x 軸右移單位

　　✦ 參數 2 為 y 軸下移單位

+ 參數 3 為陰影模糊度，值越大越模糊。

+ 參數 4 為顏色

+ 若設定兩道陰影，則中間用逗號隔開。

範例 9-16

```
<body>
    <h1 style="text-shadow: 5px 3px 2px #ADADAD;">Have a nice day！</h1>
    <h1 style="text-shadow: 3px 5px 2px #97CBFF, 5px 10px 2px #2894FF;">Have a
nice day！</h1>
</body>
```

9-2-8 text-orientation

網頁正常的文字是以水平方式呈現，text-orientation 屬性則可設定文字書寫方式，其屬性值有 (1) mixed – 文字以垂直方式（直書）90 度呈現、(2) upright – 文字不轉，但文字排列仍以垂直方式（直書）呈現。值得注意的是，目前僅剩Firefox 瀏覽器支援該屬性。如範例 9-17：

範例 9-17

```
p {
  text-orientation: mixed;
}
```

9-2-9 **text-decoration**

text-decoration 屬性為設定文字上的裝飾效果，其屬性值包含 (1) underline - 增加下底線、(2) overline - 增加文字上邊線、(3) line-through - 增加文字中線（刪除線），如範例 9-18：

範例 9-18

```
<body>
    <h2 style="text-decoration: none;"> 網頁前端設計 </h2>
    <h2 style="text-decoration: underline;"> 網頁前端設計 </h2>
    <h2 style="text-decoration: overline;"> 網頁前端設計 </h2>
    <h2 style="text-decoration: line-through;"> 網頁前端設計 </h2>
</body>
```

9-2-10 **line-height**

line-height 屬性為設定文字之間的行高，如範例 9-19：

範例 9-19

```
<body>
    <p style="line-height: normal;">《灌籃高手》故事大綱：<br>
        籃球漫畫以不良少年櫻木花道的挑戰和成長為中心。</p>
    <p style="line-height: 2;">《灌籃高手》故事大綱：<br>
        籃球漫畫以不良少年櫻木花道的挑戰和成長為中心。</p>
</body>
```

9-3 項目清單屬性

9-3-1 list-style-type（項目符號與編號類型）

list-style-type 屬性為設定項目清單中的符號，其對應的屬性值有許多，僅列出常用之屬性值。如範例 9-20：

- 符號類（無順序性）
  - ✦ disc：實心圓
  - ✦ circle：空心圓
  - ✦ square：正方形
- 數字類（有順序性）
  - ✦ decimal：從 1 到 9 排列
  - ✦ lower-alpha：從 a 到 z 排列
  - ✦ upper-alpha：從 A 到 Z 排列
  - ✦ lower-roman：從 i、ii、iii 羅馬數字排列

範例 9-20

```html
<!DOCTYPE html>
<html lang="en">
<head>
    <meta charset="UTF-8">
    <title>項目符號與編號類型</title>
    <style>
        .ul_circle {
            list-style-type: circle;
        }
        .ul_lower-alpha {
            list-style-type: lower-alpha;
        }
    </style>

</head>
<body>
    <ul class="ul_circle">
        <li>《航海王》</li>
        <li>《鬼滅之刃》</li>
        <li>《排球少年》</li>
    </ul>
    <ul class="ul_lower-alpha">
        <li>《航海王》</li>
        <li>《鬼滅之刃》</li>
        <li>《排球少年》</li>
    </ul>
</body>
</html>
```

9-3-2 **list-style-image**

若上述的項目清單符號都不青睞，網頁開發者可以設定 list-style-image 屬性，來改變項目符號的圖片。通常這些圖片多為 icon 檔，並存於相對路徑之 url 中。如範例 9-21：

範例 9-21

```html
<!DOCTYPE html>
<html lang="en">
<head>
    <meta charset="UTF-8">
    <title>圖片項目符號</title>
    <style>
        ul {
            list-style-image: url(cake_icon.png);
        }
    </style>
</head>
<body>
    <ul>
        <li>【提拉米蘇】</li>
        <li>【草莓蛋糕】</li>
        <li>【起司蛋糕】</li>
    </ul>
</body>
</html>
```

9-3-3 **list-style-position**

list-style-position 屬性為設定項目符號的位置，當屬性值為 outside，代表符號
在**外層**，項目清單的內容會在符號之後縮排，如下所示：

■	List-style-position: outside;
■	文字內容會 在符號後縮排

若屬性值為 inside，代表符號在內層，項目清單的內容會跟著符號一起縮排，
如下所示：

■ List-style-position: outside;
■ 文字內容會 在符號後縮排

如範例 9-22：

範例 9-22

```
<!DOCTYPE html>
<html lang="en">
<head>
    <meta charset="UTF-8">
    <title> 項目符號與編號位置 </title>
    <style>
        .ul_outside {
            list-style-position: outside;
        }
        .ul_inside{
            list-style-position: inside;
        }
    </style>
</head>
<body>
    <ul class="ul_outside">
        <li>《航海王》</li>
        <li>《灌籃高手》</li>
```

```
        <li>《進擊的巨人》</li>
    </ul>
    <ul class="ul_inside">
        <li>《航海王》</li>
        <li>《灌籃高手》</li>
        <li>《進擊的巨人》</li>
    </ul>
</body>
</html>
```

9-3-4　list-style（速記表示）

list-style 屬性為進階或速記的表示方法，可提供網頁開發者不用逐一設定項目清單的屬性。其涵蓋的屬性有 list-style-type、list-style-position、list-style-image 這三類。其屬性值可為複值，中間以空格隔開。說明如下：

- 格式為 list-style: value1 value2 value3⋯

  ✦ 範例 1 ─ ol { list-style: lower-roman outside;}：其項目清單對應 list-style-type 為小寫羅馬數字作排列，list-style-position 為 outside。

  ✦ 範例 2 ─ ul { list-style: url(icon.gif) inside; }：其項目清單對應 list-style-image 為 icon.gif 圖片，list-style-position 為 inside。

MEMO ...

10 色彩與背景屬性

- 色彩屬性
- 背景屬性
- 漸層函數

10-1 色彩屬性

10-1-1 color

color 屬性在上一章節曾提及，此處再針對其屬性值多做說明。color 屬性適用性廣，任何使用文字的標籤皆可適用。其指定顏色的方法可使用顏色名稱、色光三原色 rgb（紅、綠、藍）、rgba（紅、綠、藍、透明度）、hsl（色相、飽和度、亮度）和 hsla（色相、飽和度、亮度、透明度），如範例 10-1：

範例 10-1

```
<body>
    <h1 style="color: green;">《航海王》</h1>
    <h1 style="color: rgb(255, 196, 0);">《灌籃高手》</h1>
    <h1 style="color: rgba(255, 123, 0, 0.6);">《排球少年》</h1>
    <h1 style="color: hsl(208, 100%, 50%);">《鬼滅之刃》</h1>
    <h1 style="color: hsla(275, 100%, 70%, 0.9);">《進擊的巨人》</h1>
</body>
```

10-1-2 opacity

除了上述的 rgba 屬性值可以設定透明度之外，在 CSS 中也可以利用 opacity 屬性來設定文字、圖片上的不透明度，其屬性值為 0 到 1 之間的數值，數值越高代表越不透明。如範例 10-2：

範例 10-2

```
<body>
    <img src="sky.jpg" width="250">
    <img src="sky.jpg" width="250" style="opacity: 0.5;">
    <h1 style="color:hsl(208, 100%, 50%);"> 藍天白雲 </h1>
    <h1 style="color:hsl(208, 100%, 50%); opacity: 0.5;"> 藍天白雲 </h1>
</body>
```

10-2　背景屬性

10-2-1 background-color

background-color 屬性的泛用性很廣，可用來設定許多 HTML 標籤的背景顏色。如範例 10-3：

範例 10-3

```
<body style="background-color: #C4E1FF">
    <h1 style="color: #0080FF">《排球少年》</h1>
</body>
```

10-2-2 **background-image**

background-image 屬性是用來設定標籤的背景圖片，其格式如下：

- Background-image: url（圖片路徑）

  ✦ 圖片路徑可用雙引號夾住路徑，或是不用加任何符號。

如範例 10-4：

範例 10-4

```
<!DOCTYPE html>
<html lang="en">
<head>
    <meta charset="UTF-8">
    <title>示範背景圖片</title>
</head>
<body style="background-image: url(sky.jpg); background-size:180px">
</body>
</html>
```

10-2-3 **background-repeat**

當 background-image 有設定圖片時，background-repeat 屬性則可設定背景圖片重覆排列方式。其屬性值如下：

● background-repeat: 屬性值

✦ repeat：在整個網頁中重複圖片。

✦ no-repeat：不重複，圖片只出現一次。

✦ repeat-x：在整個網頁水平軸中重複圖片。

✦ repeat-y：在整個網頁垂直軸中重複圖片。

✦ space：重複圖片時，中間隔著空隙。

✦ round：重複圖片時，會依照網頁大小，將圖片拉伸填補空隙。

如範例 10-5：

範例 10-5

```
<body>
    <div style="background-image:url(cake_icon.png); background-repeat: space;
height: 150px;">
        <h1 style="text-align: center; padding-top: 50px; letter-spacing: 5px;">
Cake</h1>
    </div>
</body>
```

10-2-4 **background-position**

background-position 是用來設定背景圖片的起始位置。如範例 10-6 中，將文字置於左邊，而背景圖片的位置則放在離 x 軸座標（往右）6.5cm、y 軸座標（往下）0.5cm 的位置。

範例 10-6

```
<body>
    <div
    style="background-image:url(paddy.JPG) ;
        background-repeat: no-repeat;
        background-position: 6.5cm 0.5cm;
        background-size: 120px;
        white-space: pre;">
    <b> 稻米的營養 </b>

    稻米所含的營養以澱粉為主，
    是熱量的主要來源。
</div>
</body>
```

10-2-5 **background-attachment**

background-attachment 屬性是用來設定背景圖片是否隨內容捲動。若屬性值為 fixed，則不論如何滑動網頁內容，該圖片都會固定在指定的位置。如範例 10-7：

範例 10-7

```
<body>
    <div
        style="background-image: url(paddy.JPG);
                background-repeat: no-repeat;
                background-position: 8cm 0.5cm;
                background-size: 120px;
                white-space: pre;
                background-attachment: fixed;">
    <b> 稻 </b>
稻米是指源於稻類的完整
和破碎的穀粒，包括稻穀、
糙米、白米、碎米及相關產品米；
稻穀是指經脫粒保留外殼的稻米，
又稱稻實、稻子。
    </div>
</body>
```

10-2-6 background-size

background-size 屬性是用來設定背景圖片的大小,其高度會配合寬度做比例的縮放,如範例 10-8:

範例 10-8

```
<body style="background-image:url(paddy.JPG);
             background-repeat: no-repeat;
             background-size: 300px;">
    <h1> 稻穗 </h1>
</body>
```

10-2-7 background-clip

background-clip 屬性為設定背景圖片的延展位置,其屬性值為 border-box(預設值),代表圖片延展到**邊框以內**;若屬性值為 padding-box,則代表圖片會延展到所屬區塊的**邊框下**。

10-2-8 background（速記表示）

網頁開發者可以用 background 屬性來取代上述相關的背景屬性，其為進階與速記表示方法。說明如下：

- 格式為 background: value1 value2 value3⋯

  ✦ 範例 1 — h1 { background: url("bg1.gif") repeat left center;}：其背景屬性對應 background-image 為 bg1.gif 圖片路徑，background-repeat 為 repeat，background-position 為 x 軸座標靠左，y 軸座標置中的位置。

  ✦ 範例 2 — body { background: url("bg2.gif") no-repeat fixed; }：其背景屬性對應 background-image 為 bg2.gif 圖片路徑，background-repeat 為 no-repeat，background-attachment 為 fixed 固定位置。

10-3 漸層函數

漸層函數是用來呈現顏色的函數，透過設定兩種以上的顏色來達到漸層效果，多半用於背景上的特效，亦可作為網頁背景使用。例如，background-image: linear-gradient()，則是將背景圖片設定為漸層效果，而非一般圖片。目前 CSS 所支援的漸層主要有線性、放射狀、錐形三種。常用的標籤及格式如下：

- linear-gradient(direction, color1, color2⋯)：線性顏色漸層。其中，第一個參數為線性的方向性，包含 to top（由下往上）、to left（由右至左）、to right（由左至右）、to bottom（由上往下）等方向，之後的 color1 與 color2 參數，則代表要放入的顏色，顏色越多代表漸層的顏色分布越多。

- radial-gradient(color1, color2⋯)：放射狀顏色漸層。由圓中心往外做放射狀的顏色漸層，也可以設定每個顏色佔漸層總比例的百分比。

- conic-gradient(color1, color2⋯)：錐形顏色漸層。由上方往右，做圓錐體的顏色漸層，也可以設定每個顏色佔漸層總比例的百分比。

範例 10-9 中，將 h1 標題的背景指定成線性漸層。

範例 10-9

```
<body>
    <h1 style="background:linear-gradient(to top, lightblue, #CECEFF);">《航海
王》</h1>
    <h1 style="background:linear-gradient(to left, lightblue, #CECEFF);">《排球
少年》</h1>
    <h1 style="background:linear-gradient(to top right, lightblue, white,
#CECEFF);">《鬼滅之刃》</h1>
    <h1 style="background:linear-gradient(lightblue, white 20% ,#CECEFF);">《灌
籃高手》</h1>
</body>
```

相同地，若將 h1 標題的背景指定成放射狀漸層，如範例 10-10：

範例 10-10

```
<body>
    <h1 style="background: radial-gradient(circle, yellow, lightblue);">《排球
少年》</h1>
    <h1 style="background: radial-gradient(yellow, lightgreen, lightblue);">
《鬼滅之刃》</h1>
    <h1 style="background: radial-gradient(farthest-side at left bottom,
lightgreen, yellow 50px, lightblue);">《灌籃高手》</h1>
</body>
```

將 h1 標題的背景指定成重複線性漸層和重複放射狀漸層，如範例 10-11：

範例 10-11

```
<body>
    <h1 style="background:repeating-linear-gradient(0deg,orange 0%, yellow
20%);">《排球少年》</h1>
    <h1 style="background:repeating-radial-gradient(orange, yellow 20px,orange
40px);">《鬼滅之刃》</h1>
    <h1 style="background:repeating-radial-gradient(circle, red, yellow, orange
100%, yellow 150%, red 200%);">《灌籃高手》</h1>
</body>
```

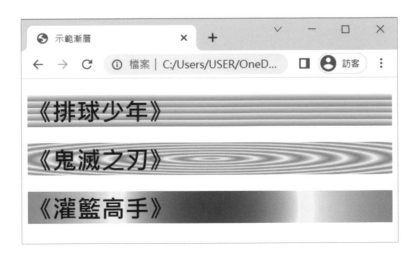

MEMO ...

11 區塊相關屬性

- 區塊的概念
- 框線屬性
- 框線間距
- 顯示屬性
- 其餘區塊相關屬性

11-1 區塊的概念

區塊指的是 HTML 標籤中能夠在網頁顯示的範圍，多為矩形區塊。舉例而言，<h1></h1> 標籤內能夠顯示文字、背景的部分，就是一個區塊；在 HTML 的概念中，通稱為 box 或 block。更重要的，網頁的版型設定與區塊有著密不可分的關聯性，因此熟悉區塊的相關屬性格外重要。

在瞭解區塊之前，本書建議先熟悉框線屬性（border），畢竟框線所顯示的範圍就是所指的區塊，接著再說明框線間距，包含 margin 屬性，設定區塊對外顯示範圍，以及 padding 屬性，設定區塊對內顯示範圍。上述這些相關區塊屬性的說明如下：

- border：顯示區塊的框線設定。

- margin：設定顯示區塊的對外間距。

- padding：設定顯示區塊的對內間距。

- 重要概念複習（※）
  - ✦ CSS 表達間距的概念有三種，即（1）margin – 對外間距；（2）padding – 對內間距；（3）spacing – 內容之間的間距。

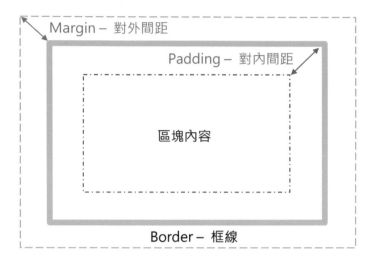

11-2 框線屬性

11-2-1 border-style

框線屬性代表著區塊的範圍，其中 border-style 屬性可以設定邊框的樣式。網頁開發者可以一次性設定四個邊框，也可以分別針對上下左右四邊的邊框設定其樣式。其可以設定的屬性如下：

- border-top-style：上方的框線樣式

- border-bottom-style：下方的框線樣式

- border-left-style：左方的框線樣式

- border-right-style：右方的框線樣式

- border-style：四個邊框的框線樣式

- 框線屬性值
  - solid：實線
  - dashed：虛線
  - dotted：點狀虛線

舉例來說，若將 border-style 的屬性值設為 dotted，其邊框設定成虛線，如範例 11-1：

範例 11-1

```
<body>
    <img src="sky.JPG" style="border-style: dotted; border-color: blue; width:
500px">
</body>
```

11-2-2 **border-color**

顧名思義，border-color 屬性可設定邊框的顏色。同樣可以一次性設定框線顏色，或是設定各個方向邊框的顏色。其屬性如下：

- border-top-color：上方的框線色彩

- border-bottom-color：下方的框線色彩

- border-left-color：左方的框線色彩

- border-right-color：右方的框線色彩

- border-color：四個邊框的框線色彩

如範例 11-2：

範例 11-2

```
<body>
    <img src="sky.JPG" style="border-color: lightgreen; border-style: solid;
width: 500px;">
    <h1 style="border-color: green; border-style: double; text-align: center;">
藍天白雲 </h1>
</body>
```

11-2-3 **border-width**

border-width 屬性為設定框線的粗細，其對應的屬性如下：

- border-top-width（上方的框線寬度）

- border-bottom-width（下方的框線寬度)

- border-left-width（左方的框線寬度）

- border-right-width（右方的框線寬度)

- border-width（四個邊框的框線寬度）

如範例 11-3：

範例 11-3

```
<body>
    <img src="sky.JPG" style="border-style: solid; border-width: thin; width:
150px;">
    <img src="sky.JPG" style="border-style: solid; border-width: medium; width:
150px;">
    <img src="sky.JPG" style="border-style: solid; border-width: thick; width:
150px;">
    <img src="sky.JPG" style="border-style: solid; border-width: 12px; width:
150px;">
</body>
```

11-2-4 **border（速記表示）**

在熟悉上述框線相關屬性後，網頁開發者可直接使用 border 屬性，作為進階與速記方式來設定框線。border 屬性涵蓋 border-width、border-style（必填）、border-color 三個屬性。其屬性如下：

- border-top

- border-bottom

- border-left

- border-right

- border

  ✦ 範例：border：dashed 4px black － 設定 border-style 框線為虛線，border-width 為 4 pixel，border-color 為黑色。

11-2-5 **border-radius**

若網頁開發者覺得區塊的框線缺乏設計感，可使用 border-radius 屬性將框線設定成圓角。但由於 border-radius 的屬性值設定相當有彈性，因此開發者必須注意參數值的多寡及其影響。

- border-top-left-radius：左上方的框線圓角

- border-top-right-radius：右上方的框線圓角

- border-bottom-right-radius：右下方的框線圓角

- border-bottom-left-radius：左下方的框線圓角

- border-radius：四個邊框的框線圓角

- 格式為 border-radius：參數 1 參數 2 參數 3…

  ✦ 四個參數：四個數值對應依序為順時鐘方向，分別代表左上、右上、右下、左下的圓角像素，像素值越大，圓角會越圓。

  ✦ 三個參數：第一參數代表左上角，第二個參數代表右上角與左下角，第三參數代表右下角的圓角像素。

✦ 兩個參數：第一參數代表左上及右下角，第二個參數代表右上角與左下角的圓角像素。

✦ 一個參數：代表四個角的圓角像素。

如範例 11-4：

範例 11-4

```
<!DOCTYPE html>
<html lang="en">
<head>
    <meta charset="UTF-8">
    <title>框線圓角</title>
    <style>
        img {
            border-radius: 100%;
        }
    </style>
</head>
<body>
    <img src="sky.JPG" width="400" height="400">
</body>
</html>
```

11-2-6 **border-image**

若框線不使用線條表示，亦可以使用 border-image 屬性來設定框線圖片。其相關屬性及說明如下：

- border-image-source：圖片來源網址。
  - ✦ 屬性值 url()：括號內為圖片路徑，可使用雙引號夾住路徑。
- border-image-width：圖片邊框的寬度。
- border-image-slice：將圖片邊框分割為九個區域，包含四個角、四個邊及中心區域。
- border-image-outset：設定指定標籤邊框圖像放置在框線外的距離。
- border-image-repeat：設定圖片是否重複
  - ✦ stretch：延展展開（預設值）
  - ✦ repeat：重複
  - ✦ round：與重複相同，當圖片重複數量不符合空間時，會拉伸圖片，填補空隙。
  - ✦ space：與重複相同，當圖片重複數量不符合空間時，則會留白。
- border-image：涵蓋上述屬性的進階與速記表示。

以 border-image 的速記表示為例，包含 border-image-source、border-image-width、border-image-repeat 三個屬性。如範例 11-5：

範例 11-5

```
<body>
    <style>
        div {
            border: 20px solid transparent;
            width: 350px;
            padding: 15px;
        }
        .text {
            text-align: center;
```

```
            border-image: url(pic.jpg) 65 65 repeat round;
        }
    </style>
        <div class="text">前端網頁設計 </div>
    </div>
</body>
```

11-3 框線間距

11-3-1 **Margin**

如同上述，margin 屬性為設定區塊的對外間距，屬性值為數字（像素），值越大代表距離越遠；margin 屬性值可以允許為負數，代表所顯示的內容會超過區塊。與框線屬性相似，margin 屬性也可以設定 margin-top（與上方區塊的距離）、margin-bottom（與下方區塊的距離）、margin-left（與左方區塊的距離）、margin-right（與右方區塊的距離）等屬性。如範例 11-6：

範例 11-6

```
<body>
    <h1 style="color: #28004D; text-align: center;">金魚的記憶力真的只有三秒嗎？
</h1>
    <!-- 第一段為預設的邊界 -->
    <p style="background-color: #F1E1FF ;line-height:30px">魚類向來給人健忘、記
憶短暫的印象，實際上並非如此。研究顯示，某些魚類的腦部比我們以為的更複雜，連小細節也
能記住很長一段時間。從討食行為可觀察到，金魚的記憶力其實長達三個月！ </p>
```

```
<!-- 第二段上下左右的邊界均為 1cm -->
    <p style="margin: 1cm; background-color: #F1E1FF;line-height:30px">補充：小
時候都學過樹的年齡看年輪，而金魚的年齡可以看鱗片。金魚鱗片上也有類似年輪 一樣的環狀。
透過顯微鏡可以計算環狀多少，就可以確定年齡！</p>
    <p style="font-size: 10px;">資料來源：綠果先生冷知識 </p>
</body>
```

11-3-2 Padding

padding 屬性為設定區塊與內容之間的對內間距，數值越大代表與內容的距
離越遠。但與 margin 不同，padding 屬性值不可以是負值。Padding 屬性也
可以細分為 padding-top（上方的內距）、padding-bottom（下方的內距）、
padding-left（左方的內距）、padding-right（右方的內距）等屬性。

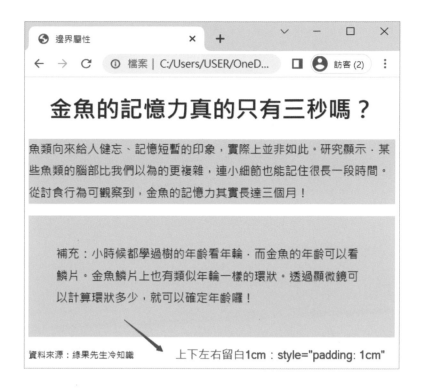

11-4 顯示屬性

11-4-1 **display**

display 屬性是設定 HTML 區塊的顯示方式。區塊的顯示方式有好幾種，比較常用的 display 屬性值如下所示。舉例而言，把某段文字設定其屬性為 display: none，這段文字在網頁中則不會顯示。

● 格式為 display：屬性值

  ✦ none：**不顯示**，文字、圖片等標籤會被隱藏。

  ✦ block：將其設定為**區塊（即 box）**。區塊的寬度、高度可獨立被設定，詳細區塊的概念與屬性，後續內容會介紹。

✦ Inline：與內文相同格式（正常預設格式）。

✦ list-item：設定為項目清單 <li> 的格式。

11-4-2 **width、height、top、bottom、left、right**

在 CSS 中，要顯示的區塊都可以設定其範圍。width、height 這些屬性在先前章節也都介紹過，在這裡亦可作為設定區塊的寬度與高度。而 top、bottom、left、right 等屬性，則是設定與其它區塊所間隔的距離。

- width / height：區塊的寬度、高度。

- top：間隔其它區塊或離網頁的上方距離。

- bottom：間隔其它區塊或離網頁的下方距離。

- left：間隔其它區塊或離網頁的左方距離。

- right：間隔其它區塊或離網頁的右方距離。

範例 11-7

```
<body>
    <!-- 預設：顯示範圍會隨著網頁寬度自動改變 -->
    <h1 style="background-color: lightblue; text-align: center;"> 網頁程式設計 </h1>
</body>
```

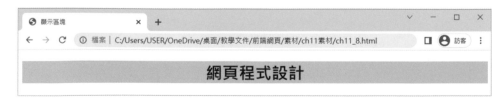

11-4-3 inset（速記表示）

inset 屬性是一種速記表示，涵蓋上述的 top、right、bottom、left 等屬性。讀者可以把 inset 想像是插圖，將區塊插圖放在某個位置中。格式說明如下：

- inset：top、right、bottom、left：順序為順時鐘的方向，注意不要誤植。

11-4-4 max-width、min-width、max-height、min-height

在 CSS 中，也可以設定顯示區塊寬度及高度的最小值、最大值，當視窗縮小時，區塊寬度也不會小於設定的最小值；同理，設定區塊的最大值，當視窗放大時，區塊寬度也不會大於設定的值，範例 11-8 中，<h1> 區塊最大寬度為 600 像素，因此網頁視窗至多只能顯示到 600 像素。

範例 11-8

```
<body>
    <h1 style="background-color: lightblue; min-width: 400px; max-width: 600px;
text-align: center;"> 網頁程式設計 </h1>
</body>
```

11-4-5 position

position 屬性可指定區塊的定位方式，當屬性值為 static 為預設值；當屬性質為 relative 為相對位置（相對於其它區塊的位置）；當屬性值為 absolute 為絕對位置，當網頁往下拉時，標籤也會跟著改變位置；當屬性值為 fixed 為相對於瀏覽器而固定標籤位置，屬性說明：

- 格式為 position：static | relative | absolute | fixed

舉例來說，假設網頁中有兩個區塊，在正常情況下，兩個區塊會貼黏在一起，如範例 11-9：

範例 11-9

```
<head>
    <meta charset="UTF-8">
    <title> 區塊的定位方式 </title>
    <style>
        .box1 {
            background-color: lightblue;
            width: 100px;
            height: 80px;
            border-style: dashed;
        }
        .box2 {
            background-color: lightgreen;
            width: 100px;
            height: 80px;
            border-style: dashed;
        }
    </style>
</head>
<body>
    <div class="box1"> 版型區塊 box1</div>
    <div class="box2"> 版型區塊 box2</div>
</body>
```

此時，若將 box2 設定為相對定位，並距離上一個區塊高度 20px，如範例 11-10：

範例 11-10

```
.box2 {
        position: relative;
        top: 20px;
        background-color: lightgreen;
        width: 100px;
        height: 80px;
        border-style: dashed;
}
```

11-4-6 版型設定練習

當網頁開發者已經熟悉區塊的概念，就可以開始實做如何利用區塊來設定版型。先前章節曾提及，網頁切割版型有兩種方式，第一種是透過 <table> 標籤來設定，並搭配 <iframe> 標籤來設定網頁連結。第二種方式則是透過 CSS 的區塊設定，將版型切成數個區塊。舉例來說，我們將網頁分成四個區塊，分別是頁首（header）、主要區塊（main）、左側功能欄（menu）、頁尾（footer），如範例 11-11：

範例 11-11

```
<head>
    <meta charset="UTF-8">
    <title> 版型設定 </title>
    <style>
        #header {
            position: fixed;
            width: 100%;
            height: 10%;
            top: 0;
            right: 0;
            bottom: auto;
            left: 0;
            background-color: #D3A4FF;
        }
        #menu {
            position: fixed;
            width: 200px;
            height: auto;
            top: 10%;
            right: auto;
            bottom: 80px;
            left: 0;
            background-color: #97CBFF;
        }
        #main {
            position: fixed;
            width: auto;
            height: auto;
            top: 10%;
            right: 0;
            bottom: 80px;
            left: 200px;
            background-color: #FFF0AC;
        }
        #footer {
            position: fixed;
            width: 100%;
            height: 80px;
            top: auto;
            right: 0;
            bottom: 0;
            left: 0;
```

```
            background-color: #FFA042;
        }
    </style>
</head>
<body>
    <body style="text-align: center; line-height: 5px;">
        <div id="header"><h2>header</h2></div>
        <div id="menu"><h2>menu</h2></div>
        <div id="main"><h2>main</h2></div>
        <div id="footer"><h2>footer</h2></div>
    </body>
</body>
```

11-5 其餘區塊相關屬性

11-5-1 float、clear

float 屬性是設定區塊為浮動的視窗，並改以文繞圖的方式，可設定其位置（如左、右），clear 屬性則是當浮動區塊附近仍有其它區塊時，clear 就能解決其它區塊在文繞圖的設定。如範例 11-12，將圖片設為文繞圖，在文字的右方。網頁則會顯示左方文字、右方為圖。

- float：left | right | none：設定區塊為置左、置右或是一般區塊。

- clear：left | right | both：設定該區塊解除文繞圖。

範例 11-12

```
<head>
    <meta charset="UTF-8">
    <title> 文繞圖 </title>
    <style>
        img{
            border-radius: 50%;
    float: right;
        }
    </style>
</head>
<body>
    <h2><img src="sky.JPG" width="200" height="200"> 左邊是文字，右邊是圖形。但採
文繞圖的方式，圖片不會顯示在下方；文繞圖格式，適用於寫作、詩詞、網頁美編的風格來設計網
頁。</h2>
</body>
```

11-5-2 **visibility**

若網頁開發者想讓區塊暫時看不見的情況，除了可以使用 display：none 屬性，也可以利用 visibility：visible（能見）| hidden（隱藏）屬性，讓區塊暫時看不見。如範例 11-13 會顯示三個不同背景色彩的區塊。

範例 11-13

```
<h1 style="background-color: lightpink; text-align: center;">《排球少年》</h1>
<h1 style="background-color: lightskyblue; text-align: center;">《灌籃高手》</h1>
<h1 style="background-color: lightgreen; text-align: center;">《進擊的巨人》</h1>
```

若 visibility 的屬性值為 hidden，則網頁瀏覽的結果會隱藏該行標籤，但是原本該標籤所佔據的空間還是會保留，如範例 11-14：

範例 11-14

```
<h1 style="background-color: lightpink; text-align: center;">《排球少年》</h1>
<h1 style="background-color: lightskyblue; visibility: hidden; text-align:
center;">《灌籃高手》</h1>
<h1 style="background-color: lightgreen; text-align: center;">《進擊的巨人》</h1>
```

11-5-3 **object-position**

object-position 屬性可以用來設定物件在區塊內的顯示位置，如範例 11-15，圖片只顯示出原圖的 X 軸原始位置（0%）、Y 軸原始位置（0%），所以網頁只顯示出原圖的左上角的影像。

● objective-position：X 軸座標像素或百分比、Y 軸座標像素或百分比

範例 11-15

```
<head>
    <meta charset="UTF-8">
    <title> 物件位置 </title>
    <style>
        img{
            border-radius: 50%;
            object-fit: none;
            object-position: 0% 0%;
        }
    </style>
</head>
<body>
    <img src="sky.JPG" width="200" height="200">
</body>
```

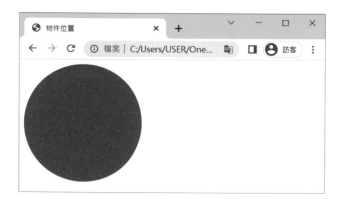

11-5-4 **box-shadow**

與 text-shadow 屬性相似，box-shadow 屬性設定區塊的陰影效果，並且可以指定陰影顏色，格式如下：

● box-shadow：X 軸右移像素、Y 軸下移像素、陰影大小像素、陰影顏色

如範例 11-16：

範例 11-16

```
<body style="text-align: center;">
    <h1 style="background-color: lightblue; box-shadow: 10px 10px 5px silver;">
《排球少年》</h1>
</body>
```

11-5-5 vertical-align

vertical-align 屬性為設定區塊在水平軸上的位置，其對應的屬性值有許多。例如，當屬性值為 baseline 時，標籤顯示在該行的基礎線上。屬性值說明如下：

● vertical-align：屬性值

    ✦ baseline：與文字同在基礎線上。

    ✦ text-top：在基礎線偏上的位置。

    ✦ sup：在基礎線偏上的位置，類似次方值的位置。

    ✦ text-bottom：在基礎線偏下的位置。

    ✦ sub：在基礎線偏下的位置。

如範例 11-17：

範例 11-17

```
<body>
    <div>
        <h1 style="display: inline; font-size: 45px; color: #EA7500;">稻田 </h1>
```

```
        <b style="vertical-align: baseline; font-size: 15px; color: green;">（拍
攝地點：高雄美濃）</b>
        <img src="paddy.JPG" style="width: 250px; border-radius: 50px;">
    </div>
</body>
```

當屬性質為 top，則標籤垂直對齊該行的最高位置，如範例 11-18：

範例 11-18

```
<body>
    <div>
        <h1 style="display: inline; font-size: 45px; color: #EA7500;">稻田 </h1>
        <b style="vertical-align: top; font-size: 15px; color: green;">（拍攝地
點：高雄美濃）</b>
        <img src="paddy.JPG" style="width: 250px; border-radius: 50px;">
    </div>
</body>
```

12 超連結與圖片

- 表格屬性
- 游標屬性
- 多欄位排版
- 動畫處理

12-1 表格屬性

12-1-1 表格格式

前幾章所介紹的字型、文字、色彩、背景、留白、框線、邊界等 CSS 屬性，大部分都可以套用到表格。像是大標題可以改變字體顏色、大小和字型；表格標題可以改變文字顏色、背景顏色和內距大小；表格儲存格可以自行設計邊框樣式，如範例 12-1：

範例 12-1

```
<!DOCTYPE html>
<html lang="en">
<head>
    <meta charset="UTF-8">
    <title> 示範 CSS 表格 </title>
    <style>
        caption{ font-size: 25px; font-weight: 600; letter-spacing: 2px;}
        th{ color: white; background-color: #5A5AAD; padding: 10px; }
        td{ border: 2px solid #5A5AAD; padding: 10px; text-align: center; }
    </style>
</head>
<body>
```

```
<table>
    <caption> 經典漫畫 </caption>
    <tr>
        <th> 漫畫名稱 </th>
        <th> 作者 </th>
        <th> 語言 </th>
    </tr>
    <tr>
        <td>《灌籃高手》</td>
        <td> 井上雄彥 </td>
        <td rowspan="3"> 日語 </td>
    </tr>
    <tr>
        <td>《排球少年！！》</td>
        <td> 古館春一 </td>
    </tr>
    <tr>
        <td>《進擊的巨人》</td>
        <td> 諫山創 </td>
    </tr>
</table>
</body>
</html>
```

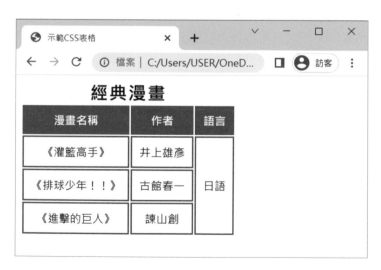

12-1-2 caption-side

caption-side 屬性可以指定表格標題位置，當屬性質為 top 時，標題指定在表格頂部（預設值）；當屬性質為 bottom 時，標題指定在表格底部。舉例來説，我們可以在範例 12-2 中，caption 的 CSS 屬性中加上 caption-side: bottom，指定標題位於表格下方：

範例 12-2

```
caption{ font-size: 25px; font-weight: 600; letter-spacing: 2px; caption-side:
bottom; }
```

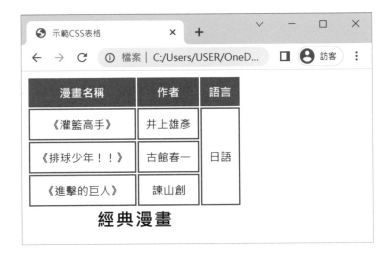

12-1-3 border-collapse

border-collapse 屬性為設定表格框線模式，有三種屬性值，分別為 separate 將邊框彼此間分開、collapse 將邊框合併為單一邊框的屬性值。如範例 12-3 為 border-collapse: separate，將邊框彼此間分開。

範例 12-3

```html
<!DOCTYPE html>
<html lang="en">
<head>
    <meta charset="UTF-8">
    <title> 表格框線模式 </title>
    <style>
        caption{ font-size: 25px; font-weight: 600; letter-spacing: 2px;}
        table { border: 3px solid   #0080FF; border-collapse: separate; text-
align: center;}
        th, td { border: 3px solid   #B9B9FF; padding: 10px; }
    </style>
</head>
<body>
    <table>
        <caption> 經典漫畫 </caption>
        <tr>
            <th> 漫畫名稱 </th>
            <th> 作者 </th>
            <th> 語言 </th>
        </tr>
        <tr>
            <td>《灌籃高手》</td>
            <td> 井上雄彥 </td>
            <td rowspan="3"> 日語 </td>
        </tr>
        <tr>
            <td>《排球少年！！》</td>
            <td> 古館春一 </td>
        </tr>
        <tr>
            <td>《進擊的巨人》</td>
            <td> 諫山創 </td>
        </tr>
    </table>
</body>
</html>
```

12-1-4 **table-layout**

table-layout 屬性為設定表格版面的編排方式,屬性值為 fixed,代表以固定的表格大小;若屬性值為 auto。則代表表格欄位會自動調整大小。舉例來說,如範例 12-4,將 table 的 CSS 屬性改寫,指定表格寬度為 500 像素、版面編排方式為 auto(自動):

範例 12-4

```
table { border: 3px solid #0080FF; text-align: center; width: 500px; table-
layout: auto;}
```

12-1-5 empty-cells

表格中，如果 `<td></td>` 標籤內沒有資料，表格在網頁顯示上會有突兀的空白儲存格。empty-cells 屬性可選擇顯示或隱藏空白儲存格，當屬性質為 show，將顯示空白儲存格，如範例 12-5；當屬性質為 hide，將隱藏空白儲存格，如範例 12-6：

範例 12-5

```html
<!DOCTYPE html>
<html lang="en">
<head>
    <meta charset="UTF-8">
    <title> 表格 </title>
    <style>
        caption{ font-size: 25px; font-weight: 600; letter-spacing: 2px;}
        table { border: 3px solid #0080FF; text-align: center; width: 500px;
table-layout: auto;}
     /* 顯示空白儲存格（預設） */
        th, td { border: 3px solid   #B9B9FF; padding: 10px; empty-cells: show;}
    </style>
</head>
<body>
    <table>
        <caption> 經典漫畫 </caption>
        <tr>
            <th> 漫畫名稱 </th>
            <th> 作者 </th>
            <th> 語言 </th>
        </tr>
        <tr>
            <td>《灌籃高手》</td>
            <td> 井上雄彥 </td>
            <td rowspan="2"> 日語 </td>
        </tr>
        <tr>
            <td>《排球少年！！》</td>
            <td> 古館春一 </td>
        </tr>
        <tr>
            <td></td>
            <td></td>
            <td></td>
```

```
        </tr>
    </table>
</body>
</html>
```

範例 12-6

```
/* 隱藏空白儲存格 */
th, td { border: 3px solid #B9B9FF; padding: 10px; empty-cells: hide;}
```

12-1-6 **border-spacing**

border-spacing 屬性用於設定表格框線的間距，如範例 12-7：

範例 12-7

```
<!DOCTYPE html>
<html lang="en">
<head>
    <meta charset="UTF-8">
    <title> 表格 </title>
    <style>
        caption{ font-size: 25px; font-weight: 600; letter-spacing: 2px;}
        table { border: 3px solid    #0080FF; border-spacing: 15px; text-align:
center;}
        th, td { border: 3px solid   #B9B9FF; padding: 10px; }
    </style>
</head>
<body>
    <table>
        <caption> 經典漫畫 </caption>
        <tr>
            <th> 漫畫名稱 </th>
            <th> 作者 </th>
            <th> 語言 </th>
        </tr>
        <tr>
            <td>《灌籃高手》</td>
            <td> 井上雄彥 </td>
            <td rowspan="3"> 日語 </td>
        </tr>
        <tr>
            <td>《排球少年！！》</td>
            <td> 古館春一 </td>
        </tr>
        <tr>
            <td>《進擊的巨人》</td>
            <td> 諫山創 </td>
        </tr>
    </table>
</body>
</html>
```

12-2 游標屬性

在其它 CSS 設定中，cursor 是一個有趣的屬性，可以改變滑鼠游標的設定。其格式與常用屬性值如下。

- Cursor：屬性值
  - ✦ url()：指定游標圖片路徑。
  - ✦ help：游標旁有問號。
  - ✦ no-drop：禁止符號。
  - ✦ zoom-in：放大鏡符號。

如範例 12-8：

範例 12-8

```
<!DOCTYPE html>
<html lang="en">
<head>
```

```
    <meta charset="UTF-8">
    <title> 示範指標形狀 </title>
    <style>
        a:hover { cursor:help }
    </style>
</head>
<body>
    <p><a href="info.html">點擊查看說明 </a></p>
</body>
</html>
```

12-3 多欄位排版

12-3-1 column-count、column-width、columns

若網頁開發者想將網頁中的資訊以兩欄以上做分割排版，可使用 column-count 屬性設定欄位數量；column-width 屬性為定義欄位寬度；columns 屬性則是涵蓋 column-count 和 column-width 屬性的速記表示法，如範例 12-9：

範例 12-9

```
<!DOCTYPE html>
<html lang="en">
<head>
    <meta charset="UTF-8">
    <title> 示範換欄或換頁 </title>
    <style>
        h1 { color: white; text-align: center; }
        p { padding: 15px; line-height: 25px; }
```

```
            div{ columns: 200px; letter-spacing: 1px; }
        </style>
    </head>
    <body>
        <div>
            <h1 style="background-color: #5A5AAD;">《風之谷》</h1>
            <p style="background-color: #ACD6FF;">《風之谷》是由日本動畫導演宮崎駿在
動漫雜誌《Animage》上所連載的漫畫作品。故事架構在一個過去興盛的文明因受到毀滅，之後大
地遍佈著遭毒素污染的環境。</p>
            <h1 style="background-color: #336666;">《神隱少女》</h1>
            <p style="background-color: #95CACA;">《神隱少女》是一部由吉卜力工作室製
作、宮崎駿擔任導演和劇本，內容講述一個小女孩誤闖了神靈世界，之後經歷成長的故事。</p>
            <h1 style="background-color: #BB5E00;">《龍貓》</h1>
            <p style="background-color: #FFD1A4;">《龍貓》是吉卜力工作室與德間書店共
同推出的一部動畫電影，由宮崎駿所執導。電影描寫的是日本在經濟高度發展前存在的美麗自然，
因為喚起觀眾的鄉愁而廣受歡迎。</p>
        </div>
    </body>
</html>
```

12-3-2 **column-gap**

column-gap 屬性用來設定欄位間距，我們將範例 12-10 的 <div> 加上屬性 column-gap，設定欄位間距為 0 像素，如範例 12-10：

範例 12-10

```
div{ columns: 200px; column-gap: 0px; letter-spacing: 1px; }
```

12-3-3 **column-rule**

column-rule 屬性用來設定欄位之間的分隔線。如範例 12-11，<div> 加上屬性 column-rule，指定欄位數目為 2，並加上灰色、實線、寬度為 4 像素的分隔線。

範例 12-11

```
div{ columns: 2; column-rule: gray solid 4px ; letter-spacing: 1px; }
```

12-3-4 **break-before、break-after、break-inside**

若使用多欄位排版，在需要換欄或換頁時，可使用 break-before、break-after、break-inside 屬性。break-before 屬性是設定在區塊前面插入換欄或換頁；break- after 屬性則是在區塊後插入換欄或換頁；break- inside 屬性是設定在區塊內部插入換欄或換頁。

如範例 12-12，<div> 標籤加上屬性 break-before，指定欄位數目為 3，並在 <h1> 區塊的前面插入換欄。

範例 12-12

```
h1 { color: white; text-align: center; break-before: column; }
p { padding: 15px; line-height: 25px; }
div{ columns: 3; letter-spacing: 1px; }
```

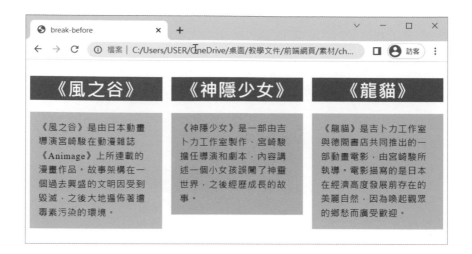

12-3-5 **column-span**

在多欄位排版下，column-span 屬性用來設定跨欄顯示，屬性值為 all，代表跨所有欄位數來顯示；屬性值為 none 表示不跨欄顯示（預設值），如範例 12-13：

範例 12-13

```html
<!DOCTYPE html>
<html lang="en">
<head>
    <meta charset="UTF-8">
    <title> 多欄位排版 </title>
    <style>
        h1 { column-span: all; background-color: #FFE66F; text-align: center;}
        h2 { color: white; text-align: center; break-before: column;}
        p { padding: 15px; line-height: 25px; }
        div{ columns: 3; letter-spacing: 1px; }
    </style>
</head>
<body>
    <div>
        <h1> 宮崎駿的經典作品 </h1>
        <h2 style="background-color: #5A5AAD;">《風之谷》</h2>
        <p style="background-color: #ACD6FF;">《風之谷》是由日本動畫導演宮崎駿在
動漫雜誌《Animage》上所連載的漫畫作品。故事架構在一個過去興盛的文明因受到毀滅，之後大
```

```
地遍佈著遭毒素污染的環境。</p>
        <h2 style="background-color: #336666;">《神隱少女》</h2>
        <p style="background-color: #95CACA;">《神隱少女》是一部由吉卜力工作室製
作、宮崎駿擔任導演和劇本，內容講述一個小女孩誤闖了神靈世界，之後經歷成長的故事。</p>
        <h2 style="background-color: #BB5E00;">《龍貓》</h2>
        <p style="background-color: #FFD1A4;">《龍貓》是吉卜力工作室與德間書店共
同推出的一部動畫電影，由宮崎駿所執導。電影描寫的是日本在經濟高度發展前存在的美麗自然，
因為喚起觀眾的鄉愁而廣受歡迎。</p>
    </div>
</body>
</html>
```

12-4 動畫處理

12-4-1 transform

CSS 設定中，也可以做出有趣的特效與動畫。transform 屬性可讓文字做變形處理。如範例 12-14，transform: rotate (10deg)，是將顯示區塊（文字）順時針選轉 10 度。

範例 12-14

```html
<!DOCTYPE html>
<html lang="en">
<head>
    <meta charset="UTF-8">
    <title>特效與動畫處理</title>
    <style>
        h1{
            height: 45px; width: 250px;
            background-color: lightblue; color: white;
            padding: 10px; text-align: center; margin: 50px;
            transform: rotate(10deg);
        }
    </style>
</head>
<body>
    <h1>網頁程式設計</h1>
</body>
</html>
```

12-4-2 **transform-origin**

transform-origin 屬性用來設定元素變形處理的原點位置，若要將旋轉的原點指定為圖片的左下角，可以加上 transform-origin：left bottom 屬性，此時，圖片會改以左下角為原點往順時針方向旋轉 20 度，如範例 12-15：

範例 12-15

```
<!DOCTYPE html>
<html lang="en">
<head>
    <meta charset="UTF-8">
    <title> 示範變形處理的原點 </title>
    <style>
        img{ width: 350px; transform-origin: left bottom; transform: rotate(20deg); }
    </style>
</head>
<body>
    <img src="paddy.JPG">
</body>
</html>
```

12-4-3 **transform 2D 動畫**

transform 屬性在 2D 動畫處理上具備幾種方法（函數），以下整理常用的方法：

- translate(x, y)：區塊往 x 軸、y 軸位移。
- rotate(degree)：順時鐘旋轉幾度，數值可為負數。
- scale(a, b)：區塊寬度放大 a 倍，高度放大 b 倍；a 與 b 皆為數值。
- skew(x degree, y degree)：區塊 x 軸變形幾度、y 軸變形幾度。

為了進一步呈現動畫效果，以下範例 <div> 區塊在滑鼠移過時，就會順時針旋轉一圈（360 度），而動畫時間設定為 4 秒（transition: 4）。

範例 12-16

```
<!DOCTYPE html>
<html lang="en">
<head>
    <meta charset="UTF-8">
    <title>transform 2D 動畫 </title>
    <style>
        div{
            width: 100px; height: 100px;
            background-color: lightblue;
        }
        div:hover{
            transform: rotate(360deg);
            transition: 4s;
        }
    </style>
</head>
<body>
    <div>2D 動畫處理 </div>
</body>
</html>
```

12-4-4 **transition**

在處理動畫時，妥善運用 transition 屬性是很重要的概念。如範例 12-16，若是沒有 transition 屬性，圖形瞬間就完成旋轉 360 度，使用者可能無法感受到動畫的效果。範例 12-17 則更仔細地來設定該屬性，原本 <div> 的寬度為 200 像素，當滑鼠移過去時，區塊寬度會變為 400 像素，延展寬度的過程會是 2 秒，當滑鼠移開，變回原本寬度的過程則是 4 秒。

範例 12-17

```html
<!DOCTYPE html>
<html lang="en">
<head>
    <meta charset="UTF-8">
    <title>transition</title>
    <style>
        div{
            width: 200px; height: 100px;
            background-color: lightblue;
            transition: 4s;
        }
        div:hover{
            width: 400px;
            background-color: lightgreen;
            transition: 2s;
        }
    </style>
</head>
<body>
    <div> 延長的方塊動畫 </div>
</body>
</html>
```

12-4-5 transform 3D 動畫

同樣地，transform 在 3D 效果處理類似於 2D 的方法，差別在於動畫的呈現方式與旋轉方向的不同。下方範例為滑鼠移過區塊時，區塊會 y 軸（垂直軸）固定，左右旋轉一圈（360 度）。

- rotateX(degree)：針對 x 軸固定，上下做旋轉。
- rotateY(degree)：針對 y 軸固定，左右做旋轉。

範例 12-18

```html
<!DOCTYPE html>
<html lang="en">
<head>
    <meta charset="UTF-8">
    <title>transform 3D動畫 </title>
    <style>
        div{
            width: 100px; height: 100px;
            text-align: center;
            background-color: lightblue;
        }
        div:hover{
            transform: rotateY(360deg);
            transition: 2s;
        }
    </style>
</head>
<body>
    <div>3D動畫處理 </div>
</body>
</html>
```

MEMO ...

13 | Bootstrap 表格與導覽列

- Bootstrap 簡介
- Bootstrap 表格
- Bootstrap 導覽列

13-1 Bootstrap 簡介

Bootstrap 是可以用來製作前端的工具，是一種方便網頁開發者快速設計的套件。其檔案內容主要是 CSS 檔案，搭配部分特效的 JavaScript 檔案（即 JS 檔）。換句話說，前幾章所提到的 CSS 技巧，若套用 Bootstrap 的套件，開發者就無須自行建置 CSS 檔案，讓網頁開發更為容易。

Bootstrap 主要的核心在於其 CSS 檔案，包含網頁區塊的風格、字型、顏色等內容，但仍有一部分的 CSS 類別涉及特效，因此需要同時嵌入 JS 檔案，才能讓其特效顯示。例如，當滑鼠移過功能表時，網頁會跳出子選單；類似於這樣的特效，多半需要再嵌入對應的 JS 檔案才會顯示。因此，建議初學者皆嵌入 CSS 與 JS 檔，避免發生引用套件時，發生無法顯示特效的狀況。

Bootstrap 開發團隊每年仍有更新奇版本，因此會有版本更新的問題；例如，舊版的 CSS 寫法與新版的 CSS 寫法會有些許的差異。若網頁開發者嵌入新版本 Bootstrap 時，須注意舊版本的 CSS 類別是否仍支援。

13-1-1 嵌入 Bootstrap 方式

倘若你已是對網頁前端技術熟練、開始使用框架（framework）的開發者，可以利用套件管理系統 npm、gem、Composer 等來管理 Bootstrap，但本章節內容，不以框架為教學起點，因此將不討論這部分內容。

要在網頁中嵌入 Bootstrap 主要有兩種方法，第一種是下載原始檔後，直接引用網站內的檔案（相對路徑）；第二種是直接引用 CDN 網址（絕對路徑），但不論是哪一種都是放在 <head></head> 標籤裡面。下述兩種方法，請擇一使用即可。

● 方法一：下載原始檔後，直接引用網站內的檔案。

範例 13-1

```
<head>
    <link rel="stylesheet" href="css/bootstrap.min.css">
</head>
```

● 方法二：直接引用 CDN（Content Delivery Network）網址，中文譯名為內容傳遞網路。透過多個終端伺服器作為節點，讓使用者可以請求較近的伺服器來獲取網站內容與連結，CDN 可自動選擇距離較近的載點。

13-1-2 Bootstrap 的嵌入步驟

2022 年最新的 Bootstrap 版本為 v5.0，主要會需要嵌入兩個檔案，及下列 Step 1 及 Step 2。但仍有一部分的情況，有些套件功能仍仰賴 JQuery 或 Popper.js（JavaScript 函式庫），因此建議多增加 Step 3，避免無法顯示特效的狀況。

● 方法一：使用下載檔案

step 01 　嵌入 bootstrap CSS 檔，放在 <head> 之內，語法為

```
<link rel="stylesheet" href="css/bootstrap.min.css">
```

step 02 　嵌入 bootstrap JS 檔，建議放在引用內容附近，放在 <body> 之內，語法為

```
<script src="js/bootstrap.min.js"></script>
```

step
03

嵌入 JQuery JS 檔，建議放在引用內容附近，放在 <body> 之內，語法為

```
<script src="js/jquery.js"></script>
```

● 方法二：使用 CDN（連結內容建議可從官網上複製連結）

step
01

嵌入 bootstrap CSS 檔，放在 <head> 之內，語法為

```
<link href="https://cdn.jsdelivr.net/npm/bootstrap@5.0.2/dist/css/
bootstrap.min.css" rel="stylesheet">
```

step
02

嵌入 bootstrap JS 檔，建議放在引用內容附近，放在 <body> 之內，語法為

```
<script src="https://cdn.jsdelivr.net/npm/bootstrap@5.0.2/dist/js/
bootstrap.bundle.min.js"></script>
```

step
03

嵌入 JQuery JS 檔，建議放在引用內容附近，放在 <body> 之內，語法為

```
<script src="http://code.jquery.com/jquery.js"></script>
```

如範例 13-2：

範例 13-2

```
<!DOCTYPE html>
<html>
<head>
    <meta http-equiv="X-UA-Compatible" content="IE=edge">
    <meta name="viewport" content="width=device-width, initial-scale=1.0">
    <title>Bootstrap</title>
    <!-- 加入最小化版本的 Bootstrap -->
    <link rel="stylesheet" href="css/bootstrap.min.css" media="screen">
</head>
<body>
    <h1>Bootstrap</h1>
    <script src="http://code.jquery.com/jquery.js"></script>
    <!-- 加入最小化版本的 JS -->
    <script src="js/bootstrap.min.js"></script>
</body>
</html>
```

13-2 Bootstrap 表格

在嵌入 Bootstrap 套件後，我們就可以開始引用 Bootstrap 的語法。本章節介紹的第一個例子是 Bootstrap 表格，網頁開發者只需要在 <table> 中，鍵入 class="table" 的語法來引用。眼尖的讀者可能馬上理解出，這些 CSS 命名的類別選擇器，其實已經被 Bootstrap 所宣告，開發者只要用 class 做引用即可（CSS 詳細宣告方式，亦可見第八章）。

13-2-1 一般表格 <table class="table">...</table>

在 Bootstrap 的 <table> 元素中，加上 class="table"，表格會呈現其預設的樣式，瀏覽結果如下圖：

編號	科系	年級	姓名
001	電機系	一年級	魯夫
002	音樂系	二年級	娜美
003	資管系	三年級	喬巴

13-2-2 表格條紋 <table class="table table-striped">...</table>

在 Bootstrap 的 <table> 元素中，在 class 屬性多加上 table-striped，則表格的單雙列會套用不同色彩，讓使用者能夠方便閱讀。值得注意的是，鍵入 class 時，可以同時**引用兩種以上不同屬性值**，中間用空格隔開即可。瀏覽結果如下圖：

編號	科系	年級	姓名
001	電機系	一年級	魯夫
002	音樂系	二年級	娜美
003	資管系	三年級	喬巴

13-2-3 邊框 <table class="table table-bordered">...</table>

在 Bootstrap 的 <table> 元素中，在 class 屬性多加上 table-bordered，讓原本預設只有橫向的邊框，變成直向、橫向都有線條的邊框，瀏覽結果如下圖：

編號	科系	年級	姓名
001	電機系	一年級	魯夫
002	音樂系	二年級	娜美
003	資管系	三年級	喬巴

13-2-4 顏色反差 <table class="table table-hover">...</table>

在 Bootstrap 的 <table> 元素中，在 class 屬性多加上 table-hover，當滑鼠移至該表格列，會套用不同顏色效果，方便使用者閱讀，瀏覽結果如下圖：

編號	科系	年級	姓名
001	電機系	一年級	魯夫
002	音樂系	二年級	娜美
003	資管系　此列為滑鼠移到的地方	三年級	喬巴

13-2-5 設定欄位狀態、顏色

在設定表格風格中，也可以加入其他 class 屬性值，指定表格列或單獨儲存格的**狀態或色彩**，類別名稱及說明如表格 13-1：

表格 13-1

類別	說明
.table-active	當滑鼠移入某個 row 或儲存格（cell）時設置顏色。
.table-success	指出一個成功或積極的動作。
.table-info	指出訊息提示方面的操作。
.table-warning	指出一個需要注意的警告。
.table-danger	指出一個危險或潛在有害的行為。

● 行

```
<tr class="table-active">...</tr>
<tr class="table-success">...</tr>
```

● 欄

```
<td class="table-success">...</td>
<td class="table-warning">...</td>
```

瀏覽結果如下圖：

編號	科系	年級	姓名
001	電機系	一年級	魯夫
002	音樂系	二年級	娜美
003	資管系	三年級	喬巴
004	企管系	三年級	索隆
005	物理系	四年級	騙人布

13-3 Bootstrap 導覽列

第二個介紹的類別,是網頁前端設計常用的導覽列。同樣地,在嵌入 Bootstrap 之後,在 <ol> 或 <ul> 項目清單中,鍵入 class="nav",即可引用 Boostrap 套件的導覽列效果。對於 <ol> 項目清單語法,亦可回顧本書之第三章。

13-3-1 活頁籤

Bootstrap 活頁籤,開發者可先在 <ul> 標籤建立項目清單,而 <ul> 裡面會搭配 <li> 來建立各個項目。之後,在父層 <ul> 標籤的 class 屬性中加上 nav 屬性值,若要美化活頁籤,可再加上 nav-tabs,呈現活頁籤的樣式;接著,在 <li> 標籤的 class 屬性中加上 nav-item,呈現出活頁籤的各層架構。由於導覽列功能,是為了讓瀏覽網頁的使用者方便連結,因此導覽列內容會伴隨著超連結的內容。開發者可以在超連接 <a> 標籤中的 class 屬性,加上 nav-link 就可以在網頁中使用活頁籤 。如範例 13-3:

範例 13-3

```
<body>
    <ul class="nav nav-tabs">
        <li class="nav-item"><a class="nav-link active" href="#">Home</a></li>
        <li class="nav-item"><a class="nav-link" href="#">Page1</a></li>
        <li class="nav-item"><a class="nav-link" href="#">Page2</a> </li>
    </ul>
</body>
```

在超連接 <a> 元素中加入 class="active",則代表該項目或頁籤為當前的頁面 (如下圖的 Home),瀏覽結果如下圖:

13-3-2 活頁籤 – 垂直列效果

若希望活頁籤呈垂直排列，可在 <ul> 元素加入 class="flex-column"，如範例 13-4：

範例 13-4

```
<body>
    <ul class="nav nav-pills flex-column">
        <li class="nav-item"><a class="nav-link active" href="#">Home</a></li>
        <li class="nav-item"><a class="nav-link" href="#">Page1</a></li>
        <li class="nav-item"><a class="nav-link" href="#">Page2</a> </li>
    </ul>
</body>
```

此外，Bootstrap 的 <ul> 元素中加入 class="nav-pills"，則活頁籤的樣式呈現膠囊狀，瀏覽結果如下圖：

13-3-3 下拉式選單

使用下拉式選單，請記得加入上一節所提過的 Step 3，加入 JQuery JS 檔或 Popper.js。以下的 JS 語法為 popper.js 的 CDN：

```
<script src="https://cdnjs.cloudflare.com/ajax/libs/popper.js/2.9.2/umd/popper.
min.js"></script>
```

Bootstrap 的下拉式選單，可搭配按鈕使用，選項旁邊會顯示倒三角形的圖案，父按鈕的語法為 class="dropdown"，而搭配的夏拉式選單按鈕，語法則為 class="dropdown-item"。使用者在網頁中點擊滑鼠後則跳出選單，如範例 13-5：

範例 13-5

```
<li class="nav-item dropdown">
        <a class="nav-link dropdown-toggle" href="#" id="navbarDropdown"
role="button" data-bs-toggle="dropdown" aria-expanded="false">
                Dropdown
        </a>
        <ul class="dropdown-menu" aria-labelledby="navbarDropdown">
            <li><a class="dropdown-item" href="#">Action</a></li>
            <li><a class="dropdown-item" href="#">Another action</a></li>
            <li><hr class="dropdown-divider"></li>
            <li><a class="dropdown-item" href="#">Something else here</a></li>
        </ul>
</li>
```

Dropdown ▾　Disabled

Action

Another action

Something else here

13-3-4　麵包屑導覽列

Bootstrap 的麵包屑效果，為橫向的導覽列。在項目清單 <ol> 標籤加入 class="breadcrumb"，則會顯示導覽列效果，程式碼與瀏覽結果如範例 13-6：

範例 13-6

```
<ol class="breadcrumb">
        <li class="breadcrumb-item"><a href="#">Home</a></li>
        <li class="breadcrumb-item"><a href="#">Title</a></li>
        <li class="breadcrumb-item active">Page</li>
</ol>
```

Home / Title / Page

13-3-5 分頁導覽列

Bootstrap 的分頁導覽列，其適用狀況類似於當網頁內容有許多查詢結果，當內容太多無法呈現於一頁時，就會使用分頁，通常使用者可於查詢結果下方（網頁底部）看到各頁的連結。在引用 Bootstrap 方面，同樣是透過項目清單 <ul>引用 class="pagination"，對應的 <li>c，則鍵入 class="nav-item"。 如範例 13-7：

範例 13-7

```
<nav aria-label=" nav nav-tabs navigation example">
      <ul class="pagination">
        <li class="nav-item">
          <a class="nav-link" href="#" aria-label="Previous">
            <span aria-hidden="true">&laquo;</span>
          </a>
        </li>
        <li class="nav-item"><a class="nav-link" href="#">1</a></li>
        <li class="nav-item"><a class="nav-link" href="#">2</a></li>
        <li class="nav-item"><a class="nav-link" href="#">3</a></li>
        <li class="nav-item">
          <a class="nav-link" href="#" aria-label="Next">
            <span aria-hidden="true">&raquo;</span>
          </a>
        </li>
      </ul>
</nav>
```

13-3-6 換頁導覽效果

與分頁效果類似，換頁則是上、下頁的導覽列，在 <ul> 加入 class="pagination"，對應 <li> 標籤鍵入 class="page-item" 則會顯示，如範例 13-8：

範例 13-8

```
<nav aria-label="Page navigation example">
      <ul class="pagination">
        <li class="page-item"><a class="page-link" href="#">Previous</a></li>
        <li class="page-item"><a class="page-link" href="#">1</a></li>
```

```
            <li class="page-item"><a class="page-link" href="#">2</a></li>
            <li class="page-item"><a class="page-link" href="#">3</a></li>
            <li class="page-item"><a class="page-link" href="#">Next</a></li>
        </ul>
</nav>
```

| Previous | 1 | 2 | 3 | Next |

13-3-7 輪播效果

輪播效果（carouse）是一個用於網頁中循環顯示一系列內容的幻燈片，或稱為旋轉木馬特效。在使用此導覽列效果時，要特別注意輪播效果並不會自動標準化幻燈片的尺寸大小，需要自己定義尺寸大小，調整成適當並統一的樣式（範例結果如下圖）。由於輪播效果所需要引用的內容較多，本書將其拆成三個步驟說明。以下範例為 Bootstrap 5 版本為程式範例，若讀者使用新版本，部分引用語法可能需要更新。

Second slide label.

step 01 **設定圖片指標**

第一步驟，網頁開發者必須在輪播效果的幻燈片，自行新增圖片指標。往下方程式範例中，設定 <div> 區塊引用 class="carouse slide"，其中的 id="carouselExample" 為該輪播的變數名稱，在同一個輪播效果中，變數命名須一致。若同一網頁有兩個以上輪播效果,才需要命名不同的名稱。初學者建議先從同一個輪播效果學起,避免混淆。

在項目 <li> 中加入 data-bs-slide-to 屬性,其屬性值為數字,從 0 開始,代表圖片指標,會按照數字有小到大輪播,程式碼如範例 13-9:

範例 13-9

```
<div id="carouselExample" class="carousel slide" data-bs-ride="carousel">
    <ol class="carousel-indicators">
        <li data-bs-target="#carouselExample" data-bs-slide-to="0"
class="active"></li>
        <li data-bs-target="#carouselExample" data-bs-slide-to="1"></li>
        <li data-bs-target="#carouselExample" data-bs-slide-to="2"></li>
    </ol>
…(程式碼未完)
```

step 02 加入輪播圖片區

輪播圖片區主在置放於 <div> 區塊,並宣告 class="carousel-inner" 內。之後的每張輪播圖片,可自訂圖片標題及描述,會隨著圖片一同輪播。在圖片 <div> 區塊中鍵入 class="item" 或是 class="carousel-item",若是第一張圖片,可加入 active 屬性,**其餘圖片則不用加入 active 屬性**。輪播通常為多張圖片,開發者可自行複製 <div class="carousel-item"></div> 的內容,並貼寫修改成連結不同張圖片。下述程式碼僅使用兩張圖片,如範例 13-10:

範例 13-10

```
<div class="carousel-inner">
    <div class="carousel-item active">
        <img src=" 圖片一 .JPG" class="d-block w-100" alt="image">
        <div class="carousel-caption d-none d-md-block">
            <p> 圖片說明 </p>
        </div>
    </div>
    <div class="carousel-item">
        <img src=" 圖片二 .JPG" class="d-block w-100" alt="image">
        <div class="carousel-caption d-none d-md-block">
            <p> 圖片說明 </p>
        </div>
    </div>
</div>
…(程式碼未完)
```

step
03

設定控制列

輪播效果可以加入控制列，手動切換上一個、下一個幻燈片，可以直接使用 <button> 或是在 <a> 標籤加上對應的屬性。例如，設定往上一個幻燈片，<button> 則引用 class="carousel-control-prev"，舊版本語法則是 class="left carousel-control"。在網頁顯示時，點選該連結，幻燈片就會往左（或往前一張圖片）顯示，如範例 13-11：

範例 13-11

```
<!-- 往前一張圖片 -->
    <button class="carousel-control-prev" type="button" data-bs-
target="#carouselExample" data-bs-slide="prev">
        <span class="carousel-control-prev-icon" aria-hidden="true"></span>
        <span class="visually-hidden">Previous</span>
    </button>
<!-- 往下一張圖片 -->
    <button class="carousel-control-next" type="button" data-bs-
target="#carouselExample" data-bs-slide="next">
        <span class="carousel-control-next-icon" aria-hidden="true"></span>
        <span class="visually-hidden">Next</span>
    </button>
</div>
（程式碼結束）
```

統合上述步驟，完整程式碼範例請見範例 13-12。

範例 13-12

```
<html lang="en">
  <head>
    <meta charset="utf-8">
    <meta name="viewport" content="width=device-width, initial-scale=1">
    <!-- 加入 Bootstrap CSS 與 JS 檔案 -->
    <link href="https://cdn.jsdelivr.net/npm/bootstrap@5.2.3/dist/css/bootstrap.min.
css" rel="stylesheet">
    <link href="https://getbootstrap.com/docs/5.2/assets/css/docs.css" rel="stylesheet">
    <title>Bootstrap Example</title>
    <script src="https://cdn.jsdelivr.net/npm/bootstrap@5.2.3/dist/js/bootstrap.bundle.
min.js"></script>
  </head>
  <body class="p-3 m-0 border-0 bd-example">

    <!-- Step 1 圖片指標 -->

    <div id="carouselExample" class="carousel slide" data-bs-ride="carousel">
```

```html
    <ol class="carousel-indicators">
      <li data-bs-target="#carouselExample" data-bs-slide-to="0" class="active"></li>
      <li data-bs-target="#carouselExample" data-bs-slide-to="1"></li>
      <li data-bs-target="#carouselExample" data-bs-slide-to="2"></li>
    </ol>

    <!-- Step 2 輪播圖片，範例共三個圖片 -->
    <div class="carousel-inner">
    <! -- 圖片一區塊 -->
      <div class="carousel-item active">
        <img src="sky.JPG" class="d-block w-100" alt="...">
        <div class="carousel-caption d-none d-md-block">
          <p style="font-weight: 900; font-size: 24px;">First slide label</p>
        </div>
      </div>
    <! -- 圖片二區塊 -->
      <div class="carousel-item">
        <img  src="cat.JPG" class="d-block w-100" alt="...">
        <div class="carousel-caption d-none d-md-block">
          <p style="color: #6C6C6C; font-weight: 900; font-size: 24px;">Second slide
label</P>
        </div>
      </div>
    <! -- 圖片三區塊，讀者若要增加圖片，可自行增加該區塊程式碼 -->
      <div class="carousel-item">
        <img src="paddy.JPG" class="d-block w-100" alt="...">
        <div class="carousel-caption d-none d-md-block">
          <p style="font-weight: 900; font-size: 24px;">Third slide label</P>
        </div>
      </div>
    </div>
    <!-- Step 3 設定控制列 -->
    <!-- 往前一張圖片 -->
    <button class="carousel-control-prev" type="button" data-bs-target=
"#carouselExample" data-bs-slide="prev">
      <span class="carousel-control-prev-icon" aria-hidden="true"></span>
      <span class="visually-hidden">Previous</span>
    </button>
    <!-- 往下一張圖片 -->
    <button class="carousel-control-next" type="button" data-bs-target=
"#carouselExample" data-bs-slide="next">
      <span class="carousel-control-next-icon" aria-hidden="true"></span>
      <span class="visually-hidden">Next</span>
    </button>
  </div>
  <!-- End Example Code -->
 </body>
</html>
```

14 | Bootstrap template

- Bootstrap template 簡介
- 使用 Bootstrap template
- 修改 BS template
- Bootstrap template 常見問題

14-1 Bootstrap template 簡介

Bootstrap template 是以 Bootstrap 套件為主，透過網路上各個網頁開發者、軟體工程師、軟體公司等對象所開發後，分享出來供其他使用者所使用的模板（template）。這些模板有可能是開發者在上一個專案的成果，把內容掏空後、只留下網頁骨架，供其他人做網頁開發所使用。

Bootstrap template 提供精緻的模板，包含 CSS 檔及對應的 JS 檔。但由於已被開發者重新開發過，所以需嵌入的檔案已不像 Bootstrap 一般，因此需要看一下開發者所留下的文件，找出所需要的嵌入檔案。

14-1-1 Bootstrap vs. Bootstrap template

Bootstrap

同上一章節描述，Bootstrap（BS）是目前最多人利用於網頁前端的應用套件。其特性為：

- Open source，免費開放使用。

- CSS（主要核心）檔案 + JavaScript 檔案

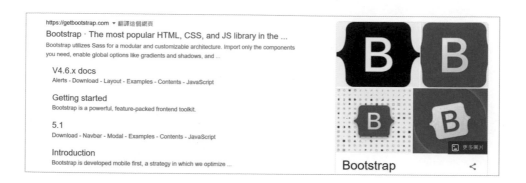

Bootstrap template

Bootstrap template 是其他網頁開發者所分享，使用 BS 套件再進行修改、設定版型，並分享給他人使用的樣板。

● 只有架構、沒有內容。

● 有些要費用，有些則免費。

● 有成千上萬的樣板，可供選擇。

14-2 使用 Bootstrap template

使用 Bootstrap template 非常容易,步驟如下:

step 01 搜尋 "bootstrap template" or "bootstrap theme"。

step 02 尋找自己喜愛的主題,下載並使用(礙於部分 template 有版權,此處僅以搜尋結果當作範例,如下圖)。

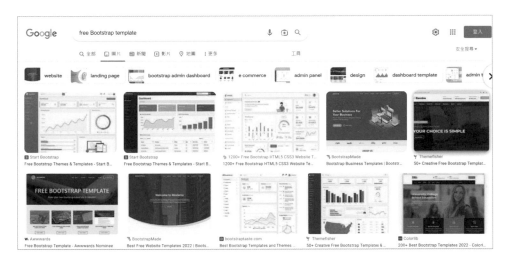

14-3 修改 BS template

在下載網路上 BS template 之後,可以開啟其檔案,通常首頁會設定為 index. htm。由於是 Bootstrap 為底,因此大多程式碼仍為 HTML、CSS 及一部份的 JavaScript 語法。建議初學者可以針對其樣式架構,從導覽列開始修改,從改名、增加、刪除導覽列連結開始,慢慢再從各連結所對應的內容,放入您想的資訊。舉例來說,使用者可以在網頁導覽列中加入「地圖」的連結,其對應的網頁內容則顯示網頁聯絡人資訊,及所在位置。所在位置資訊則可利用先前所學的 <iframe> 語法,嵌入 Google 地圖於網頁中。以下示範範例將以免費 BS template（**https://startbootstrap.com/theme/freelancer**），逐步修改步驟與說明如下：

step 01 解壓縮 BS template 檔案

在下載 template 後，請先解壓縮檔案，看可到檔案內容為 index.htm、CSS 檔案及 JavaScript 目錄。由於原程式開發者已經建置好架構，因此我們僅需從 index.htm 開始著手修改。

名稱	修改日期	類型	大小
assets	2022/3/22 下午 0...	檔案資料夾	
css	2022/3/22 下午 0...	檔案資料夾	
js	2022/3/22 下午 0...	檔案資料夾	
index.html	2022/3/22 下午 0...	Chrome HTML D...	31 KB
startbootstrap-freelancer-gh-pages.zip	2023/2/11 下午 1...	WinRAR ZIP 壓縮檔	182 KB

step 02 修改導覽列

在開啟 index.htm 程式碼後，可看到範例中的導覽列有三項，分別稱為 Portfolio、About 與 Contact，詳見範例 14-1。我們可自行將導覽列內容修改成中文，並增加一項導覽列名稱，取名為「地圖」，其連結書籤則取名為 map。當修改內容有中文時，也記得將檔案格式、網頁語系改為 UTF-8。修改後範例請見範例 14-2。

範例 14-1　原程式導覽列

```
<!-- Navigation-->
      <nav class="navbar navbar-expand-lg bg-secondary text-uppercase fixed-
top" id="mainNav">
          <div class="container">
              <a class="navbar-brand" href="#page-top">Start Bootstrap</a>
              <button class="navbar-toggler text-uppercase font-weight-
bold bg-primary text-white rounded" type="button" data-bs-toggle="collapse"
data-bs-target="#navbarResponsive" aria-controls="navbarResponsive" aria-
expanded="false" aria-label="Toggle navigation">
                  Menu
                  <i class="fas fa-bars"></i>
              </button>
              <div class="collapse navbar-collapse" id="navbarResponsive">
                  <ul class="navbar-nav ms-auto">
                      <li class="nav-item mx-0 mx-lg-1"><a class="nav-link
py-3 px-0 px-lg-3 rounded" href="#portfolio">Portfolio</a></li>
```

```
                    <li class="nav-item mx-0 mx-lg-1"><a class="nav-link
py-3 px-0 px-lg-3 rounded" href="#about">About</a></li>
                    <li class="nav-item mx-0 mx-lg-1"><a class="nav-link
py-3 px-0 px-lg-3 rounded" href="#contact">Contact</a></li>
                </ul>
            </div>
        </div>
    </nav>
```

範例 14-2 修改後導覽列程式

```
<!-- Navigation-->
    <nav class="navbar navbar-expand-lg bg-secondary text-uppercase fixed-
top" id="mainNav">
        <div class="container">
            <a class="navbar-brand" href="#page-top">Start Bootstrap</a>
            <button class="navbar-toggler text-uppercase font-weight-
bold bg-primary text-white rounded" type="button" data-bs-toggle="collapse"
data-bs-target="#navbarResponsive" aria-controls="navbarResponsive" aria-
expanded="false" aria-label="Toggle navigation">
                導覽列
                <i class="fas fa-bars"></i>
            </button>
            <div class="collapse navbar-collapse" id="navbarResponsive">
                <ul class="navbar-nav ms-auto">
                    <li class="nav-item mx-0 mx-lg-1"><a class="nav-link
py-3 px-0 px-lg-3 rounded" href="#portfolio"> 介紹 </a></li>
                    <li class="nav-item mx-0 mx-lg-1"><a class="nav-link
py-3 px-0 px-lg-3 rounded" href="#about"> 關於我們 </a></li>
                    <li class="nav-item mx-0 mx-lg-1"><a class="nav-link
py-3 px-0 px-lg-3 rounded" href="#contact"> 聯繫我們 </a></li>
                <li class="nav-item mx-0 mx-lg-1"><a class="nav-link py-3 px-0
px-lg-3 rounded" href="#map"> 地圖 </a></li>
                </ul>
            </div>
        </div>
    </nav>
```

修改網頁對應內容

上述曾提及，建議在改寫 template 之前，先了解原程式開發者的撰寫架構。在細看其架構後，可發現各導覽列的書籤，都有其對應的連結區塊，我們可於該區塊中修改其原始內容，改為自己想呈現的網頁內容。舉例來說，「關於我們」的對應內容，原程式內容如範例 14-3，原作者亦提及，使用者可以自行修改其想要的內容。因此修改後的內容，可見範例14-4。

範例 14-3　「關於我們」原程式內容

```
<!-- About Section-->
        <section class="page-section bg-primary text-white mb-0" id="about">
<! - about 是書籤變數名稱，若開發者要修改，導覽列也需一併修改 -->
            <div class="container">
                <!-- About Section Heading-->
                <h2 class="page-section-heading text-center text-uppercase
text-white">About</h2>
                <!-- Icon Divider-->
                <div class="divider-custom divider-light">
                    <div class="divider-custom-line"></div>
                    <div class="divider-custom-icon"><i class="fas fa-star">
</i></div>
                    <div class="divider-custom-line"></div>
                </div>
                <!-- About Section Content-->
                <div class="row">
                    <div class="col-lg-4 ms-auto"><p class="lead">Freelancer
is a free bootstrap theme created by Start Bootstrap. The download includes
the complete source files including HTML, CSS, and JavaScript as well as
optional SASS stylesheets for easy customization.</p></div>
                    <div class="col-lg-4 me-auto"><p class="lead">You can
create your own custom avatar for the masthead, change the icon in the
dividers, and add your email address to the contact form to make it fully
functional!</p></div>
                </div>
                <!-- About Section Button-->
                <div class="text-center mt-4">
                    <a class="btn btn-xl btn-outline-light" href="https://
startbootstrap.com/theme/freelancer/">
                        <i class="fas fa-download me-2"></i>
                        Free Download!
                    </a>
```

```
            </div>
        </div>
    </section>
```

範例 14-4 「關於我們」修改後內容

```
<!-- About Section-->
    <section class="page-section bg-primary text-white mb-0" id="about">
        <div class="container">
            <!-- About Section Heading-->
            <h2 class="page-section-heading text-center text-uppercase
text-white">關於我們 </h2>
            <!-- Icon Divider-->
            <div class="divider-custom divider-light">
                <div class="divider-custom-line"></div>
                <div class="divider-custom-icon"><i class="fas fa-star">
</i></div>
                <div class="divider-custom-line"></div>
            </div>
            <!-- About Section Content-->
            <div class="row">
                <div class="col-lg-8 ms-auto"><p class="lead">網頁前端學習
手冊 Bootstrap template</p></div>
            </div>
            <!-- About Section description-->
            <div class="text-center mt-4">
                Bootstrap template 是以 Bootstrap 套件為主，透過網路上各個網頁開
發者、軟體工程師、軟體公司等對象所開發後，分享出來供其他使用者所使用的模板（template）。
這些模板有可能是開發者在上一個專案的成果，把內容掏空後、只留下網頁骨架，供其他人做網頁
開發所使用。
            </div>
        </div>
    </section>
```

step
04
嵌入新增內容

上述曾提及,我們在導覽列中加入「地圖」的連結。在過去章節中,我們認識了 <iframe> 語法,知道可以利用 iframe 把其他網站的內容嵌入至網頁中。首先,我們可以到 Google map 中輸入所欲查詢的地址。在地址左方的 "選單" 中,可以找到 "分享與嵌入地圖" 的選項。選擇嵌入地圖,並將 iframe 語法複製起來,就可以使用該段語法,顯示出該地圖。我們在 index.htm 中,增加「地圖」所對應的 map 書籤及區塊,其新增的程式範例請見範例 14-5。

範例 14-5 「地圖」新增網頁內容

```html
<!-- Map Section-->
    <section class="page-section bg-primary text-white mb-0" id="map">
        <div class="container">
            <!-- Map Heading-->
            <h2 class="page-section-heading text-center text-uppercase
text-white">地圖資訊 </h2>
            <!-- Map Section Content-->
            <div class="row">
```

```
            <div class="col-lg-8 ms-auto"><p class="lead">242062 新北市
新莊區中正路 510 號 天主教輔仁大學 </p></div>
        </div>
        <!-- Map iframe - Google API-->
        <div class="text-center mt-4">
            <iframe src="https://www.google.com/maps/embed?pb
=!1m18!1m12!1m3!1d3614.933618133617!2d121.43046621475895!3d25.0363267
44352646!2m3!1f0!2f0!3f0!3m2!1i1024!2i768!4f13.1!3m3!1m2!1s0x3442a7dd8be91e
af%3A0xe342a67d6574f896!2z5aSp5Li75pWZ6LyU5LuB5aSn5a24!5e0!3m2!1szh-
TW!2stw!4v1676135945245!5m2!1szh-TW!2stw" width="600" height="450"
style="border:0;" allowfullscreen="" loading="lazy" referrerpolicy="no-
referrer-when-downgrade"></iframe>
        </div>
    </div>
</section>
```

若上述步驟都能活用得宜，網頁開發者就可以在短時間內，依自己所喜歡的 template 中建置出網站。整合上述步驟，修改後的完整程式碼可參照 ch14_1 程式附件。

14-4 **Bootstrap template 常見問題**

使用 Bootstrap template 的常見問題如下：

● **問題一**：使用 BS template 是不是一種取巧的行為？

答案：不會，BS template 只提供骨幹，裡面的內容還需要自己設計。

● **問題二**：我想更改作者的 BS template 風格，怎麼辦？

答案：建議先看原作者的設計或文件說明。

表 14-1

如果有文件	如果沒有文件
● 按照文件來修改樣板格式。	● 自己看程式原始檔（HTML、CSS、JS）。 ● 如果要更改格式，通常要改 CSS。 ● 如果要更改效果（如魚眼效果），通常要改 JS。

● **問題三**：可以使用兩個以上風格的 BS template 在同一個網頁嗎？

答案：要特別小心嵌入所需檔案，若有重複宣告的 CSS 屬性，有些樣式可能無法顯示。

例如：

假設兩個 CSS 檔都有設定到 <h1> 標籤的顏色，重複 CSS 屬性只會套用 2.css，以最後宣告的屬性為主。

```
<link rel="stylesheet" href="1.css">
<link rel="stylesheet" href="2.css">
```

● **問題四**：可以每個網頁都使用不同的 BS template 嗎？

答案：可以！但建議顯示主功能的 BS template 用一種即可，避免主題性不明確。若準備好，就開始進入 BS 的世界吧～

15 | JQUERY 套件實例

- JQuery 簡介
- JQuery DataTable
- JQuery FullCalendar
- JQuery FlotChart

15-1 JQuery 簡介

JavaScript 能支援在各種瀏覽器上執行，為了讓網頁內容（HTML 與 CSS）更具互動性，開發者常在網頁中加入 JavaScript 程式。然而，為了便利於網頁開發，開始有許多程式開發者將 JavaScript 編輯為函式庫（JavaScript library），供他人引用。目前市面上的函式庫相當多，JQuery 是其中知名的一種函式庫。

事實上，JQuery 跟 Bootstrap 的概念類似，都是由軟體開發商、工程師開發完的套件，讓他人方便引用的工具。不同之處在於，JQuery 的核心在於 JS 檔案，而 Bootstrap 的核心在於 CSS 檔案。由於 JavaScript 能與前端程式、後端程式都可以做互動、應用，其變化性也大，因此由不同的開發者所設計出來的 JQuery 套件數量也很多。舉例來說，使用 JQuery 顯示互動圖形的套件很多，超過數十種，讀者可以自行選擇喜歡的套件，並閱讀開發者的文件，以了解如何嵌入 JQuery 套件。例如，在網路上搜尋 JQuery Chart 的關鍵字，就可以找出許多連結有關於介紹不同圖形的套件。

15-2 JQuery DataTable

本章節所介紹的第一種實用套件是 JQuery DataTable，是一種表格顯示的套件，可建立動態的數據表格，當數據量很龐大時，其呈現方式能提供更優化的功能，包含排序、查詢等功能。這些功能都是 JQuery 套件所寫出，不須透過後端程式來編寫，因此對於開發者而言，相當容易作為開發使用。

JQuery DataTable 實踐在網頁上並不困難，只要引用套件就能支援許多強大的功能，包含分頁、排序、搜索等，還可以依照開發人員的需求，自行引用不同的功能選項。在開始使用 JQuery DataTable 之前，我們必須先具備以下知識：

- JQuery 跟 Bootstrap 使用方式一樣，都是須要連結 CSS 檔與 JavaScript。同理，只要跟 Bootstrap 下載 / 連結 .css/.js，就可以開始應用。

- JQuery 著重於動態和特效功能，不同的特效功能，可能需要嵌入不同的 JQuery。

15-2-1 **JQuery DataTable 元件**

- JQuery DataTable 是由於 https://datatables.net/ 所提供的套件，讀者可自行上網查詢或是透過連結找到網站。該網站開發者提供許多文件（manual）供閱讀，以理解開發者語法及參數。以下簡單地為讀者整理重點。DataTable 能支援的功能有：

- 網頁中的表格與資料能夠方便查詢

- 網頁中的表格與資料會針對欄位排序

- 網頁中的表格與資料將分筆、分頁排序

姓名 ▲	生日 ⇕	學校 ⇕	背號 ▼	身高 ⇕	體重 ⇕
影山飛雄	12月22日	烏野高校	9（國家隊背號）	188公分	82公斤
赤葦京治	12月5日	梟谷學園	5	182公分	70公斤
木兔光太郎	9月20日	梟谷學園	4（國家隊背號）	190公分	87公斤
及川徹	7月20日	青葉城西高校	13（阿根廷代表隊）	184公分	72公斤
日向翔陽	6月21日	烏野高校	10（國家隊背號）	172公分	70公斤

Show 10 entries　Search: ＿＿＿＿

Showing 1 to 5 of 5 entries　　Previous 1 Next

15-2-2 **連結 DataTable**

使用 JQuery 和 Bootstrap 的方式相同，都需要嵌入 CSS 檔與 JS 檔，一樣有以下兩種嵌入方法：

- 方法一：下載原始檔後，直接引用網站內的檔案。

```
https://www.datatables.net/download/packages
```

範例 15-1

```
<link rel="stylesheet" type="text/css" href="css/jquery.dataTables.min.css">
<script type="text/javascript" src="js/jquery.js"></script>
<script type="text/javascript" charset="utf8" src="js/jquery.dataTables.min.js"></script>
```

- 方法二：直接引用 CDN 網址

範例 15-2

```
<link rel="stylesheet" type="text/css" href="https://cdn.datatables.net/1.10.20/
css/jquery.dataTables.min.css">
<script type="text/javascript" src="https://code.jquery.com/jquery-1.12.4.js">
</script>
<script type="text/javascript" charset="utf8" src="https://cdn.datatables.
net/1.10.20/js/jquery.dataTables.min.js"></script>
```

15-2-3 網頁撰寫步驟

step 01 **設計表格**

在嵌入 DataTable 套件後，須將 HTML 網頁中加入表格內容，可以同時加入 CSS 的樣式設計語法。須注意的地方有幾點，（1）id＝example 是變數名稱，供 JQuery 呼叫使用；（2）表格中要有 <thead> 或 <tfoot>，因為該套件會在 <thead> 或 <tfoot> 增加排序功能，該語法需存在；（3）表格資料請鍵入於 <tbody></tbody> 內，由於篇幅有限，因此沒有列出所有資料。

範例 15-3

```
<table id="example" class="table table-hover display" cellspacing="0"
width="100%">
        <thead>
            <tr>
                <th> 姓名 </th>
                （…部分程式碼省略）
            </tr>
        </thead>
        <tfoot>
            <tr>
                <th> 姓名 </th>
                （…部分程式碼省略）
            </tr>
        </tfoot>
        <tbody>
            （…部分程式碼省略）
        </tbody>
</table>
```

啟動 DataTable

step
02

在網頁 <body></body> 內，加入 JQuery 語法。DataTable 官網開發者所提供的啟動方式有多種，本章節僅列出兩種，讀者**擇一選擇**即可。

一般表格啟動，程式碼如範例 15-4：

範例 15-4

```
<script type="text/javascript" class="init">
        $(document).ready(function () {
            $( '#example' ).DataTable();
        });
 </script>
```

加入排序功能，程式碼如範例 15-5：

範例 15-5

```
<script type="text/javascript" class="init">
        $(document).ready(function () {
            $( '#example' ).DataTable({
            // 加入排序功能
                order: [[3, 'desc' ], [0, 'asc' ]]
            });
        });
    </script>
```

15-2-4 實例

操作完以上步驟就大功告成了！有排序、換頁、搜尋功能，完整程式範例及實例瀏覽結果如下圖。若是第一次使用 JQuery 套件，可能不一定會很順利。但魔鬼藏在細節裡，請細心注意每個細節。

範例 15-6

```
<!DOCTYPE HTML>
<head>
  <!-- 嵌入 CSS 與 JS 檔案 -->
    <link rel="stylesheet" type="text/css" href="https://cdn.datatables.
net/1.10.20/css/jquery.dataTables.min.css">
    <style>
        h2{
```

```
            text-align: center;
            color: #FF8000;
        }
    </style>
</head>
<body>
    <script type="text/javascript" src="https://code.jquery.com/jquery-
1.12.4.js"></script>
    <script type="text/javascript" charset="utf8"
        src="https://cdn.datatables.net/1.10.20/js/jquery.dataTables.min.js">
</script>

    <!--Step2. 啟動 DataTable- 加入排序功能 -->
    <script type="text/javascript" class="init">
        $(document).ready(function () {
            $('#example').DataTable({
            // 加入排序功能
                order: [[3, 'desc'], [0, 'asc']]
            });
        });
    </script>

<h2>《排球少年！！》角色介紹 </h2>
    <!--Step 1. 設計表格內容 -->
    <table id="example" class="table table-hover display" cellspacing="0"
width="100%">
        <thead>
            <tr>
                <th> 姓名 </th>
                <th> 生日 </th>
                <th> 學校 </th>
                <th> 背號 </th>
                <th> 身高 </th>
                <th> 體重 </th>
            </tr>
        </thead>
        <tfoot>
            <tr>
                <th> 姓名 </th>
                <th> 生日 </th>
                <th> 學校 </th>
                <th> 背號 </th>
                <th> 身高 </th>
                <th> 體重 </th>
            </tr>
```

```
            </tfoot>
            <tbody>
                <tr>
                    <td> 日向翔陽 </td>
                    <td>6 月 21 日 </td>
                    <td> 烏野高校 </td>
                    <td>10（國家隊背號）</td>
                    <td>172 公分 </td>
                    <td>70 公斤 </td>
                </tr>
                <tr>
                    <td> 影山飛雄 </td>
                    <td>12 月 22 日 </td>
                    <td> 烏野高校 </td>
                    <td>9（國家隊背號）</td>
                    <td>188 公分 </td>
                    <td>82 公斤 </td>
                </tr>
                <tr>
                    <td> 木兔光太郎 </td>
                    <td>9 月 20 日 </td>
                    <td> 梟谷學園 </td>
                    <td>4（國家隊背號）</td>
                    <td>190 公分 </td>
                    <td>87 公斤 </td>
                </tr>
                <tr>
                    <td> 赤葦京治 </td>
                    <td>12 月 5 日 </td>
                    <td> 梟谷學園 </td>
                    <td>5</td>
                    <td>182 公分 </td>
                    <td>70 公斤 </td>
                </tr>
                <tr>
                    <td> 及川徹 </td>
                    <td>7 月 20 日 </td>
                    <td> 青葉城西高校 </td>
                    <td>13（阿根廷代表隊）</td>
                    <td>184 公分 </td>
                    <td>72 公斤 </td>
                </tr>
            </tbody>
        </table>
</body>
```

《排球少年！！》角色介紹					
姓名 ▲	生日 ↕	學校 ↕	背號 ▼	身高 ↕	體重 ↕
影山飛雄	12月22日	烏野高校	9（國家隊背號）	188公分	82公斤
赤葦京治	12月5日	梟谷學園	5	182公分	70公斤
木兔光太郎	9月20日	梟谷學園	4（國家隊背號）	190公分	87公斤
及川徹	7月20日	青葉城西高校	13（阿根廷代表隊）	184公分	72公斤
日向翔陽	6月21日	烏野高校	10（國家隊背號）	172公分	70公斤
姓名	生日	學校	背號	身高	體重

Show `10 ▾` entries　　　　　　　　　　　　　　　　　　　　　　　　Search: `_____`

Showing 1 to 5 of 5 entries　　　　　　　　　　　　Previous　`1`　Next

15-3　**JQuery FullCalendar**

本章節介紹的第二種實用套件為 FullCalendar，是以 JavaScript 所撰寫的行事曆，可嵌入於網頁供使用者查看日期。該套件為開放原始碼，可自行修改程式使用。開發者的網站 (https://fullcalendar.io/) 說明文件齊全，讀者可閱讀文件後，了解其嵌入方式，進階開發者亦可透過文件，熟悉行事曆的客製化參數。

15-3-1 **FullCalendar 套件特性**

使用 FullCalendar 的優點如下：

- 嵌入方式簡單

- 提供多種行事曆顯示方式

- 調整日期簡單便利

15-3-2 **連結 FullCalendar 套件**

開發者官方網站提供三種嵌入方式，包含下載、CDN 及使用 npm 方式。但由於本書並未安裝 Node.js 軟體，因此不介紹 npm，仍以兩種嵌入方法做說明。

- 方法一：下載原始檔後，直接引用網站內的檔案。解壓縮後，主要需要連結的是 dist 目錄下的 JS 檔案。

  下載網址

  ```
  https://fullcalendar.io/docs/initialize-globals
  ```

  範例 15-7

  ```
  <script src='/dist/index.global.min.js'></script>
  ```

- 方法二：直接引用 CDN 網址。

  範例 15-8

  ```
  <script src='https://cdn.jsdelivr.net/npm/fullcalendar@6.1.4/index.global.min.
  js'></script>
  ```

15-3-3 **網頁撰寫步驟**

step
01
設定行事曆 **<div>** 區塊

在 HTML 網頁中加入行事曆 <div> 區塊，變數名稱訂為 calendar，JavaScript 在產生行事曆時，便會出現於此區塊。程式碼如範例 15-9：

範例 15-9

```
<body>
    <div id='calendar'></div>
  </body>
```

撰寫 JS 及啟動 FullCalendar

FullCalendar 的啟動參數有許多種，開發者可依官方文件去做客製化的調整。以下則簡單說明兩種啟動方式。第一種是一般最常見的行事曆的啟動，其格式為當月的行事曆，並顯示各天的日期。範例程式及圖片如下。

範例 15-10

```
<script>
    // 說明：一般行事曆格式
    document.addEventListener('DOMContentLoaded', function() {
      var calendarEl = document.getElementById('calendar');
      var calendar = new FullCalendar.Calendar(calendarEl, {
        initialView: 'dayGridMonth'
      });
      calendar.render();
    });
  </script>
```

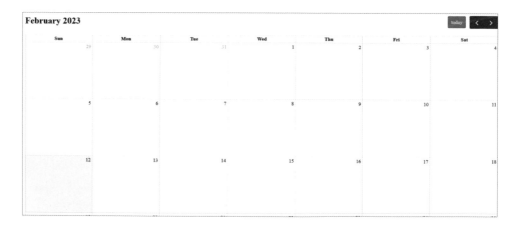

介紹的第二種行事曆格式，是讓使用者可以客製化調整日期格式，是按照月、週、日顯示皆可，並在右上方加入上下調整日期的按鈕。範例程式及圖片如下。從這兩種格式可看出，其實套件的使用是可以很彈性，依照開發者的需求來制定，因此要進一步閱讀開發者文件、了解套件參數則看個人喜好及需求。

範例 15-11

```
<script>
  // 說明 – 加入調整日期格式的行事曆
  document.addEventListener('DOMContentLoaded', function() {
    var calendarEl = document.getElementById('calendar');

    var calendar = new FullCalendar.Calendar(calendarEl, {
      headerToolbar: {
        start: 'dayGridMonth,timeGridWeek,timeGridDay custom1',
        center: 'title',
        end: 'custom2 prevYear,prev,next,nextYear'
      },
      footerToolbar: {
        start: '日期顯示,調整日期',
        center: '',
        end: 'prev,next'
      },
      customButtons: {
        custom1: {
          text: '日期顯示',
          click: function() {
            alert('請選擇左方顯示日期方式!');
          }
        },
        custom2: {
          text: '調整日期',
          click: function() {
            alert('請點選右方上、下按鈕!');
          }
        }
      }
    });
    calendar.render();
  });
</script>
```

month	week	day	按照日期		Feb 12 – 18, 2023			調整週次	« ‹ › »
	Sun 2/12		Mon 2/13	Tue 2/14	Wed 2/15	Thu 2/16	Fri 2/17	Sat 2/18	
all-day									
3am									
4am									
5am									
6am									
7am									
8am									
9am									
10am									

15-3-4 實例

透過上述步驟，應可將行事曆嵌入於網頁中，完整程式範例如下。

範例 15-12 完整程式範例

```html
<!DOCTYPE html>
<html lang='en'>
  <head>
    <meta charset='utf-8' />
    <script src='https://cdn.jsdelivr.net/npm/fullcalendar@6.1.4/index.global.
min.js'></script>
<script>
  document.addEventListener('DOMContentLoaded', function() {
    var calendarEl = document.getElementById('calendar');

    var calendar = new FullCalendar.Calendar(calendarEl, {
      headerToolbar: {
        start: 'dayGridMonth,timeGridWeek,timeGridDay custom1',
        center: 'title',
        end: 'custom2 prevYear,prev,next,nextYear'
      },
      footerToolbar: {
        start: ' 日期顯示 , 調整日期 ',
        center: '',
        end: 'prev,next'
      },
      customButtons: {
        custom1: {
          text: ' 日期顯示 ',
          click: function() {
            alert(' 請選擇左方顯示日期方式 !');
          }
        },
        custom2: {
          text: ' 調整日期 ',
          click: function() {
            alert(' 請點選右方上、下按鈕 !');
          }
        }
      }
    });
    calendar.render();
```

```
    });
</script>
  </head>
  <body>
    <div id='calendar'></div>
  </body>
</html>
```

15-4 JQuery FlotChart

本章節介紹的第三種實用套件為 FlotChart，是一種 JQuery 函式庫所提供的圖形套件，可用於在網頁上繪製圖表，它的優點是體積小、執行速度快、支援的圖形種類齊全，包含折線圖、圓餅圖、直條圖、區域圖、堆疊圖等。FlotChart 的開發者網址為 **https://www.flotcharts.org**/，讀者同樣可細讀開發者的文件，並瞭解其語法。

15-4-1 **JQuery FlotChart 套件特性**

JQuery FlotChart 的優點如下：

- 網頁中插入圖表能夠增加資料分析方式
- 網頁中插入圖表讓使用者更容易瞭解數據

15-4-2 **連結 JQuery FlotChart 套件**

同樣地，有以下兩種嵌入方法：

- 方法一：下載原始檔，請讀者自行至官網下載檔案。

範例 15-13

```
http://www.flotcharts.org/
```

- 方法二：直接引用 CDN 網址。

範例 15-14

```
<head>
       <script type="text/javascript" src="https://cdn.jsdelivr.net/npm/
jquery.flot@0.8.3/jquery.js"></script>
       <script type="text/javascript" src="https://cdn.jsdelivr.net/npm/
jquery.flot@0.8.3/jquery.flot.js"></script></head>
```

15-4-3 **網頁撰寫步驟**

step 01 設定 CSS

在 <head></head> 內，加入圖型的大小及高度。下述範例中，變數名稱訂為 flotid，寬度 50%，高度 300 pixel。

範例 15-15

```
<style type="text/css">
       #flotid {width: 50%; height: 300px;}
</style>
```

圖型 <div> 區塊

在 HTML 網頁中加入圖型 <div> 區塊，變數名稱訂為 flotid，JQuery 在產生圖表時，會出現於此區塊。程式碼如下範例：

範例 15-16

```
<body>
        <div id="flotid"></div>
</body>
```

撰寫 JS 及啟動 FlotChart

FlotChart 的資料是設定於 JavaScript 中，儲存為二維陣列。範例程式中，其 x 軸與 y 軸的數據如 [x, y]，分別代表月份及數量。待設定完成後，最後呼叫 plot 函式後即可產生圖表，程式碼如下範例：

範例 15-17

```
<script type="text/javascript">
        // x,y 數據軸
        var data = [[1, 130], [2, 40], [3, 80], [4, 160], [5, 159],
[6, 370], [7, 330], [8, 350], [9, 370], [10, 400], [11, 330],
[12, 350], [13, 290], [14, 320], [15, 300]];
        // 標籤名稱
        var dataset = [{ label: " 產品 A", data: data }];
        // 設定基本選項
        var options = {
            series: {
                lines: { show: true },
                points: {
                    radius: 4,
                    show: true
                }
            }
        };
        $(document).ready(function () {
            // 呼叫 plot 函式
            $.plot($("#flotid"), dataset, options);
        });
</script>
```

15-4-4 實例

操作完以上步驟就大功告成，將圖表嵌入網頁中，完整程式範例及瀏覽結果如下：

範例 15-18

```html
<!DOCTYPE html>
<html lang="en">
<head>
    <meta charset="UTF-8">
    <meta http-equiv="X-UA-Compatible" content="IE=edge">
    <meta name="viewport" content="width=device-width, initial-scale=1.0">
    <title>JQuery FlotChart</title>
    <script type="text/javascript" src="https://cdn.jsdelivr.net/npm/jquery.
flot@0.8.3/jquery.js"></script>
    <script type="text/javascript" src="https://cdn.jsdelivr.net/npm/jquery.
flot@0.8.3/jquery.flot.js"></script>
    <style type="text/css">
        #flotid {
            width: 50%;
            height: 300px;
        }
    </style>
    <script type="text/javascript">
        var data = [[1, 130], [2, 40], [3, 80], [4, 160], [5, 159], [6, 370],
[7, 330], [8, 350], [9, 370], [10, 400], [11, 330], [12, 350]];
        var dataset = [{ label: " 產品 A", data: data }];
        var options = {
            series: {
                lines: { show: true },
                points: {
                    radius: 4,
                    show: true
                }
            }
        };
        $(document).ready(function () {
            $.plot($("#flotid"), dataset, options);
        });
    </script>
</head>
```

```
<body>
    <div id="flotid"></div>
</body>
</html>
```

操作完以上步驟就大功告成，將圖表嵌入網頁中，實例瀏覽結果如下圖：

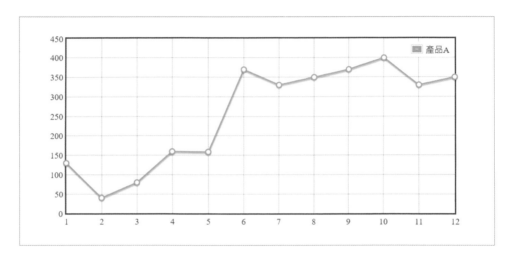

● 進階學習一：讀者在閱讀開發者文件後，能否自行修改 JavaScript，將圖型設定為兩種產品呢？

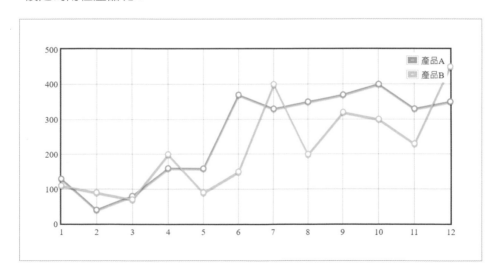

- 進階學習二：如同章節所提，JQuery 的套件有許多，讀者未來會利用的套件不見得是本書所提及的內容。讀者必須要熟悉嵌入 JQuery 套件的過程與方法，必要時要閱讀開發者文件，才能算是活用所學。本章節並未提及 Google Charts，讀者能否在網頁中使用 Google Charts 套件，舉一反三呢？

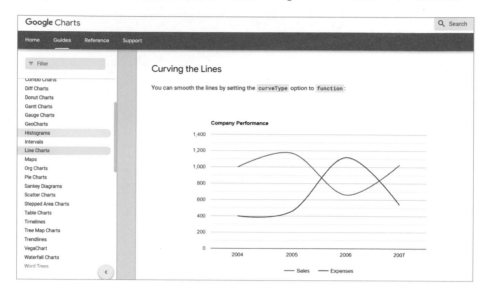

16 | ChatGPT 在網頁前端的應用

- ChatGPT 簡介
- 搜尋套件
- 程式除錯
- 撰寫程式

16-1 ChatGPT 簡介

16-1-1 ChatGPT 的功能

近年來人工智慧議題火熱，其也帶動了相關人工智能應用的發展，ChatGPT 就是其中的一種。ChatGPT 是一個由 OpenAI 開發的大型語言模型，其架構基於 GPT-4（已經歷過 GPT-1、GPT-2 及 GPT-3 版本），能夠透過學習大量的自然語言數據來進行自然語言生成和處理。ChatGPT 可以進行各種任務，包括語言翻譯、問答、文本生成、對話等等。由於有豐富的知識庫和強大的自然語言理解能力，ChatGPT 能夠根據用戶的需求提供高品質、有用的回答和解決方案。在多個領域和應用中得到了廣泛的應用，包括教育、金融、醫療等等。無論使用者是在尋找解答還是需要一個智能的對話伙伴，ChatGPT 都能夠幫助。

在使用上，使用者只需在 **https://openai.com/blog/chatgpt/** 網址註冊，或是透過既有的 Google 等社群媒體帳號，就可以進入使用。使用方法就如同與一般線上客服的對話，僅需要輸入詢問內容，ChatGPT 就會回覆你的對話。如果使用者是想尋找解答，與 Google 搜尋引擎不同的是，Google 會給予你相關的連結，由使用者自行去搜尋各個網頁，從中找到最相關或最可能的答案。然而，

ChatGPT 的對話是給使用者一個總合的答案，雖然它的答案並非一定正確，但省去了使用者逐一搜尋所花的時間與精力。

16-1-2 ChatGPT 的模型

ChatGPT 是一種基於人工智慧的自然語言處理模型，發展迄今已經歷過許多模型。各模型主要功能如下：

- Ada：這是 ChatGPT 的最小型模型，其主要功能是進行一些基礎的自然語言處理任務，例如文本分類、關鍵詞提取、句子相似度計算等。由於 Ada 模型的參數量更小，其計算能力和生成能力也相對較弱，但其成本更低，因此非常適合用於一些簡單的自然語言處理任務，特別是在計算資源和預算有限的情況下。

- Babbage：這是 ChatGPT 的小型模型，其主要功能是進行一些基礎的自然語言處理任務，例如文本分類、關鍵詞提取、句子相似度計算等。由於 Babbage 模型的參數量較小，其計算能力和生成能力也相對較弱，但其成本較低，也適合用於一些簡單的自然語言處理任務。

- Curie：這是 ChatGPT 的中等規模模型，其主要功能是進行簡單的文本生成、自然語言處理和對話生成等任務。Curie 模型相對於 Davinci 模型來說計算能力較弱，但其生成能力仍然可以應用於一些簡單的文本生成任務，例如簡單的對話生成、創作詩詞、問答系統等。

- Davinci：這是 ChatGPT 的最強大的模型，其主要功能是進行大規模的文本生成、自然語言處理和對話生成等任務。Davinci 模型可以生成高品質的自然語言文本，因此非常適合用於機器翻譯、語言生成、對話生成等領域。

這四個 ChatGPT 模型在參數大小、計算能力、生成能力和成本等方面存在著差異。例如，Ada 在機器學習所使用的參數為 4.8 百萬個參數、Babbage 的參數為 1.2 億、Curie 為 6.7 億、Davinci 為 1.75 萬億個參數。參數越多，模型的預測及準確度則越強大。這四種不同的模型，可以用於不同的應用場景和任務需求。

16-1-3 ChatGPT 的限制

ChatGPT 於 2023 年一月正式使用後，造成各行各業的許多迴響。由於它的回覆正確性相當地高、能提供有用的資訊，使用者除了讚嘆人工智能應用的進步之外，同時也擔憂它所帶來的革命改變與恐慌。其中，被最多人討論的問題是，『ChatGPT 是否會取代人力？』甚至認為 ChatGPT 的回覆，如同專業人士的解答，『是否有些工作會逐漸消失？』

Science 頂尖學術期刊的主編 Holden Thorp，在 2023 年一月底火速以 ChatGPT 為主題發表一篇文章說明其限制。說明 ChatGPT 確實很有趣，在文章創作、生成文字上很有效率，但在這些看似合理的文字中，其實是不正確的答案。主編認為 ChatGPT 對於教育界、學術研究上並不會帶來革命性衝擊，ChatGPT 並無法取代學者或科學家，其所創作的文章恐怕也無法刊登在學術期刊上，甚至若有學者使用 ChatGPT 所生成的文章投稿，還有違反學術倫理的問題。

同樣地，在使用 ChatGPT 數個多月的經驗累積之後，作者也得到相同的答案。或許 ChatGPT 的對話與解答，能在當下解決使用者在工作上的問題，但無法滿足所有的工作內容。以網頁前端設計的情境來看，讀者或學生在修習該書本內容後，希冀能培養出撰寫網站的能力，替軟體公司或客戶完成一個網站。然而，依目前 ChatGPT 的能力，並無法透過一個對話或說明其客戶需求，馬上幫你生成一個網站中的所有網頁、圖片及特效。建議網頁開發者用另一個角度來思考，ChatGPT 有可能幫助**提高工作效率**，但目前仍無法取代您的工作。

雖然 ChatGPT 在使用上仍有限制，但在程式設計方面，其所給予的回覆對話仍然很有幫助。可以想像 ChatGPT 是一位讀過各種程式語言的人，透過機器學習知曉什麼樣的問題，可以用什麼樣的程式碼來解決。ChatGPT 在程式開發上的協助之處有很多，單以網頁前端設計的部分，本章節整理 ChatGPT 可以幫助開發者至少就有三種，包含（1）**搜尋套件**、（2）**程式除錯**、（3）**撰寫程式** 三個部分，詳述如下。

16-2 搜尋套件

本書前面章節曾提及，JavaScript 或 JQuery 套件有許多不同版本，同一種功能（如折線圖）在網路上的資源可能有成千上萬的網頁連結。而在這些不同版本的套件或連結，不見得目前所有連結的資訊都有用。按照以往的開發經驗，許多網頁開發者必須花費大量時間，在網路搜尋套件或是類似的功能。有了 ChatGPT，開發者可以透過它的對話，幫助你找到適合的套件。

舉例來說，假如網頁開發者想寫一段程式碼，當滑鼠移過圖片時，網頁會放大該圖片的效果。其特效稱為**魚眼效果**。而網頁開發者可能過去沒有接觸過相關的 JavaScript 語法或套件，甚至不知道叫做魚眼效果。若從網頁搜尋，可能會花許多寶貴時間在搜尋上。若使用 ChatGPT，可以用對話的方式輸入「請幫我找一個用於網頁中，當滑鼠移過圖片，圖片右方會放大該圖片的程式碼或套件。」，ChatGPT 就會回覆你可行的答案。甚至，若開發者不喜歡該套件，還可以詢問有無其它套件。

> **C** 請幫我找一個用於網頁中，當滑鼠移過圖片，圖片右方會放大該圖片的程式碼 ✎
> 或套件。

> 一個可以達成您所描述的效果的 JavaScript 套件是「Magnify.js」。它可以在網 👍 👎
> 頁中實現圖片放大效果，當用戶將滑鼠移動到圖片上時，該圖片會放大，並在
> 圖片右側顯示該圖片的詳細信息，例如圖片的標題、描述、作者等。您可以通
> 過以下鏈接訪問 Magnify.js 的官方網站，瞭解該套件的詳細信息和使用方式。
>
> 官方網站：https://mark-rolich.github.io/Magnify/

16-3　程式除錯

程式碼出錯或是有臭蟲（bug），是每位程式開發者都會經歷的事情。除錯的過程，也可能會費盡許多開發者的心力。在 ChatGPT 中，網頁開發者可以輸入一個問題，例如「如何解決 CSS 邊框樣式問題？」，然後將 CSS 代碼貼到問題的後面。ChatGPT 將利用其強大的自然語言處理技術和對 CSS 語法的理解來生成一個答案。您可以根據答案來進行除錯，並進一步修改您的 CSS 代碼。

舉例來說，網頁開發者想把每個段落的文字，在網頁中變成三欄來呈現。但 CSS 語法少了些什麼，因此可以詢問 ChatGPT 如何協助除錯。在 ChatGPT 對話框中，輸入「我想把下面網頁段落變成三欄，我不知道 CSS 語法少了什麼？你能幫我除錯嗎？」，並貼上有錯誤的程式碼。ChatGPT 會告訴開發者錯誤之處，並貼心地協助你寫出正確的程式碼。在程式碼中加入 <div>，並設定 column-count: 3; 將段落變成三欄，同時使用 column-gap: 20px; 來設定欄與欄之間的間距。

C　我想把下面網頁段落變成三欄，我不知道CSS語法少了什麼? 你能幫我除錯嗎?

```html
<!DOCTYPE html>
<html lang="en">
<head>
  <meta charset="UTF-8">
  <title>break-before</title>
  <style>
    h1 { color: white; text-align: center}
    p { padding: 15px; line-height: 25px; }
  </style>
</head>
<body>
  <div>
    <h1 style="background-color: #5A5AAD;">《風之谷》</h1>
    <p style="background-color: #ACD6FF;">《風之谷》是由日本動畫導演宮崎駿在動漫雜誌《Animage》上所連載的漫畫作品。故事架構在一個過去興盛的文明因受到毀滅，之後大地遍佈著遭毒素污染的環境。</p>
    <h1 style="background-color: #336666;">《神隱少女》</h1>
    <p style="background-color: #95CACA;">《神隱少女》是一部由吉卜力工作室製作、宮崎駿擔任導演和劇本，內容講述一個小女孩誤闖了神靈世界，之後經歷成長的故事。</p>
    <h1 style="background-color: #BB5E00;">《龍貓》</h1>
    <p style="background-color: #FFD1A4;">《龍貓》是吉卜力工作室與德間書店共同推出的一部動畫電影，由宮崎駿所執導。電影描寫的是日本在經濟高度發展前存在的美麗自然，因為喚起觀眾的鄉愁而廣受歡迎。</p>
  </div>
</body>
</html>
```

你可以使用CSS的`column-count`屬性來將段落變成三欄，以下是修改後的程式碼：

```html
<!DOCTYPE html>
<html lang="en">
<head>
    <meta charset="UTF-8">
    <title>break-before</title>
    <style>
        h1 { color: white; text-align: center}
        p { padding: 15px; line-height: 25px; }
        div { column-count: 3; column-gap: 20px; }
    </style>
</head>
<body>
    <div>
        <h1 style="background-color: #5A5AAD;">《風之谷》</h1>
        <p style="background-color: #ACD6FF;">《風之谷》是由日本動畫導演
        <h1 style="background-color: #336666;">《神隱少女》</h1>
        <p style="background-color: #95CACA;">《神隱少女》是一部由吉卜力工
        <h1 style="background-color: #BB5E00;">《龍貓》</h1>
        <p style="background-color: #FFD1A4;">《龍貓》是吉卜力工作室與德
    </div>
</body>
</html>
```

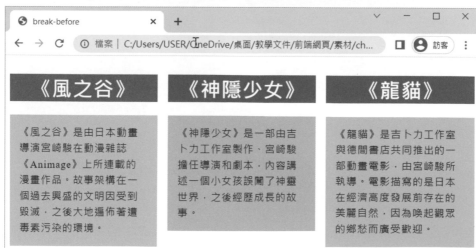

16-4 撰寫程式

ChatGPT 除了可以幫你搜尋、協助除錯，更可以直接幫你撰寫程式。這無疑對教學或教科書籍是一大衝擊，有了 ChatGPT 幫我們寫程式，是不是就不需要課本了呢？當然不是，程式相關書籍不僅能讓使用者瞭解程式語言的基本概念和原則，能讓使用者開發網站專案能更有效率地撰寫程式；此外，程式書籍通常也會提供一些實用的技巧和經驗，讓使用者能夠更加熟練地掌握程式語言，並且寫出更好的程式。

當網頁開發者驚嘆 ChatGPT 可能比自己還會寫程式時，此時往往會過度依賴 ChatGPT；每寫一項網頁功能，就仰賴 ChatGPT 告訴你答案。作為一位教育者，其實是很擔憂這樣的事情發生的。如同章節所提到的限制，ChatGPT 只告訴你一種答案，並非代表沒有其它答案的可能性、或者是其回覆內容並非完全正確。若一味依賴 ChatGPT 給的解答，停止思考與學習，才是最可怕的。建議網頁開發者可以根據 ChatGPT 的回覆做**進一步的學習**，當作是程式專家給你的建議；甚至不妨挑戰一下這位程式專家，詢問自己寫的程式有無精進或改善之處，而非過度依賴它幫你撰寫程式碼。

要求 ChatGPT 撰寫程式碼，是網頁開發者撰寫程式的捷徑。開發者可以盡可能將需求描述清楚，由 ChatGPT 產生程式碼。以下範例中，網頁開發者輸入「請幫我寫一段導覽列的網頁程式，導覽列內有（1）公司簡介、（2）公司產品（子目錄是 電子產品、家電產品）、（3）購物車及（4）聯絡我們。」，ChatGPT 即可生成這些程式碼，請見範例 16-1 及網頁輸出畫面。

> **C** 請幫我寫一段導覽列的網頁程式，導覽列內有(1) 公司簡介、 (2) 公司產品(子目錄是 電子產品、家電產品)、(3)購物車及(4)聯絡我們。

範例 16-1

```html
<!-- 該程式碼是由 ChatGPT 所產生 -->
<!DOCTYPE html>
<html lang="en">
<head>
    <meta charset="UTF-8">
    <title> 導覽列範例 </title>
    <style>
        /* 導覽列樣式 */
        .navbar {
            overflow: hidden;
            background-color: #333;
            font-family: Arial, Helvetica, sans-serif;
        }
        .navbar a {
            float: left;
            display: block;
            color: white;
            text-align: center;
            padding: 14px 16px;
            text-decoration: none;
        }
        .dropdown {
            float: left;
            overflow: hidden;
        }
        .dropdown .dropbtn {
            cursor: pointer;
            font-size: 16px;
            border: none;
            outline: none;
            color: white;
            padding: 14px 16px;
            background-color: inherit;
            font: inherit;
            margin: 0;
        }
        .navbar a:hover, .dropdown:hover .dropbtn {
            background-color: #ddd;
            color: black;
        }
        .dropdown-content {
            display: none;
```

```
                        position: absolute;
                        background-color: #f9f9f9;
                        width: 160px;
                        z-index: 1;
                }
                .dropdown-content a {
                        float: none;
                        color: black;
                        padding: 12px 16px;
                        text-decoration: none;
                        display: block;
                        text-align: left;
                }
                .dropdown-content a:hover {
                        background-color: #ddd;
                }
                .dropdown:hover .dropdown-content {
                        display: block;
                }
        </style>
</head>
<body>

        <!-- 導覽列 -->
        <div class="navbar">
                <a href="#"> 公司簡介 </a>
                <div class="dropdown">
                        <button class="dropbtn"> 公司產品
                                <i class="fa fa-caret-down"></i>
                        </button>
                        <div class="dropdown-content">
                                <a href="#"> 電子產品 </a>
                                <a href="#"> 家電產品 </a>
                        </div>
                </div>
                <a href="#"> 購物車 </a>
                <a href="#"> 聯絡我們 </a>
        </div>
</body>
</html>
```

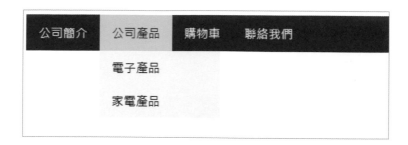

整體來説，ChatGPT 是非常強大的自然語言處理模型，背後包含許多程式語言的訓練模型與數據，可以為網頁開發者提供實用的建議和輔助。然而，它仍然有其限制，並不能完全取代人類的創造力和經驗。因此，網頁開發者在使用 ChatGPT 時應該謹慎，不要過度依賴它的回覆，而是要以自己的判斷和經驗為主導，才能真正發揮 ChatGPT 的輔助作用，創造出優秀的網頁作品。

網頁開發包含許多網頁功能，ChatGPT 目前的能力無法一次性地撰寫所有程式。若開發者分批要求 ChatGPT 完成各個網頁功能，也可能會發生網站整合上的問題，其程式碼整合後是否都能運作無誤，都是挑戰開發者過度依賴 ChatGPT 的接踵問題。因此，本書仍建議開發者不要完全依賴 ChatGPT，而是透過程式書籍學習程式設計，以提升自己的能力和技能。

HTML5、CSS3、Bootstrap5、JQuery 網頁前端學習手冊

作　　者：廖建翔
企劃編輯：江佳慧
文字編輯：詹祐甯
設計裝幀：張寶莉
發 行 人：廖文良

發 行 所：碁峰資訊股份有限公司
地　　址：台北市南港區三重路 66 號 7 樓之 6
電　　話：(02)2788-2408
傳　　真：(02)8192-4433
網　　站：www.gotop.com.tw
書　　號：AEL026600
版　　次：2023 年 05 月初版
建議售價：NT$420

國家圖書館出版品預行編目資料

HTML5、CSS3、Bootstrap5、JQuery 網頁前端學習手冊 / 廖建
翔著. -- 初版. -- 臺北市：碁峰資訊, 2023.05
　面；　公分
　ISBN 978-626-324-518-1(平裝)
　1.CST：網頁設計　2.CST：全球資訊網
312.1695　　　　　　　　　　　　　　　　112007087

讀者服務

- 感謝您購買碁峰圖書，如果您對本書的內容或表達上有不清楚的地方或其他建議，請至碁峰網站：「聯絡我們」\「圖書問題」留下您所購買之書籍及問題。(請註明購買書籍之書號及書名，以及問題頁數，以便能儘快為您處理)
http://www.gotop.com.tw

- 售後服務僅限書籍本身內容，若是軟、硬體問題，請您直接與軟體廠商聯絡。

- 若於購買書籍後發現有破損、缺頁、裝訂錯誤之問題，請直接將書寄回更換，並註明您的姓名、連絡電話及地址，將有專人與您連絡補寄商品。